TERMAU
AMAETHYDDIAETH A MILFEDDYGAETH

Termau
Amaethyddiaeth a Milfeddygaeth

Cyhoeddwyd ar ran Pwyllgor Termau Technegol
Bwrdd Gwybodau Celtaidd
Prifysgol Cymru

GWASG PRIFYSGOL CYMRU
CAERDYDD
1994

Manylion Catalogio Cyhoeddi (CIP) y Llyfrgell Brydeinig

Mae cofnod catalogio'r gyfrol hon ar gael gan y Llyfrgell Brydeinig

ISBN 0-7083-1270-5

Aelodau o'r Panel Termau Amaethyddiaeth a Milfeddygaeth

> Gareth W. Evans
> R. Elwyn Hughes (Cadeirydd)
> W. Dyfri Jones
> Aneirin Lewis (bu farw yn 1989)
> D. Gerwyn Llewelyn
> Vincent H. Phillips (Ysgrifennydd Mygedol)

Teipiwyd yng Nghofrestrfa'r Brifysgol, Caerdydd
Argraffwyd gan Wasg Dinefwr, Llandybïe, Dyfed

Rhagair

Cafodd y rhestr hon esgoriad hir a chymhleth. Yn 1978 cyflwynodd Mr T. G. Thomas, milfeddyg gyda'r Swyddfa Gymreig, restr o dermau milfeddygol i sylw'r Bwrdd Gwybodau Celtaidd. Oherwydd galwadau eraill ar y pryd bu raid i Bwyllgor Termau Technegol y Bwrdd ohirio'r mater am rai blynyddoedd. Yn 1986 cwblhawyd gwaith ar y llyfryn *Termau Meddygol* a bu modd i'r Pwyllgor droi ei sylw i gyfeiriad termau milfeddygol. Buan y daeth yn amlwg fod angen ehangu cryn dipyn ar restr wreiddiol Mr Thomas; daeth yr un mor amlwg hefyd fod cryn orgyffwrdd rhwng termau milfeddygol a thermau amaethyddol a phenderfynwyd mai priodol felly fyddai delio â'r ddau faes pwysig hyn gyda'i gilydd.

Yn 1987 codwyd panel 'Termau Amaethyddiaeth/Milfeddygaeth' i lunio rhestr o dermau safonol y gellid eu hargymhell ar gyfer y sawl a fyddai am drafod ei (g)waith yn Gymraeg yn y ddau faes hyn. Rhwng 1987 a chwblhau'r gwaith yn 1993 cyfarfu'r panel ryw hanner cant o weithiau. Rhaid diolch yn ddiffuant i'r holl aelodau am eu hymroddiad diflino a dirwgnach yn ystod y cyfnod hwn.

Cynrychiolid Cofrestrfa Prifysgol Cymru ar y Panel gan Gareth Wyn Evans (Caerdydd). Bu Mr Evans nid yn unig yn gyfrifol am yr holl drefniadau gweinyddol a oedd ynghlwm wrth waith y Panel ond y mae hefyd wedi gwneud cyfraniadau tra gwerthfawr i'r trafodaethau eu hunain. Cynrychiolid y buddiannau amaethyddol gan W. Dyfri Jones (Aberystwyth) a'r rhai milfeddygol gan D. Gerwyn Llewelyn (Caerdydd). Wrth reswm, bu sylwadau a gwybodaeth eang y ddau arbenigwr hyn yn ganolog i waith y Panel. Cynhwysai'r Panel hefyd ddau arbenigwr iaith – Aneirin Lewis a Vincent Phillips. Yn anffodus, ni chafodd Aneirin Lewis fyw i weld cwblhau'r gwaith; gadawodd ei farw disymwth fwlch na ellid – ac ni cheisiwyd – ei lenwi. Ond y mae'r rhestr derfynol yn cynnwys nifer o dermau a bathiadau fydd yn gofgolofn barhaol i'w ysgolheictod a'i ddyfeisgarwch geiriol. Cyfunai Vincent Phillips wybodaeth arbenigol o'r iaith Gymraeg ag adnabyddiaeth eang o faterion gwledig ac amaethyddol.

Gweithredai fel ysgrifennydd mygedol i'r Panel ac efe fu'n bennaf gyfrifol am sicrhau cywirdeb y rhestr derfynol.

Pan gwblhawyd y drafft cyntaf trefnwyd i nifer o arbenigwyr yn y meysydd milfeddygol ac amaethyddol dderbyn copi, a gwahoddwyd hwy i gynnig sylwadau arno. Gan mai o dde Cymru y deuai aelodau'r Panel gofalwyd bod nifer o gopïau o'r fersiwn drafft yn cyrraedd y Gogledd. Rhaid diolch yn ddiffuant i'r cyfeillion canlynol am eu hymateb parod i'n cais ac am anfon sylwadau: Hugh Davies (San Clêr), Tudur Aled Davies (Llysfasai), Twm Elias (Maentwrog), Gwyn Llywelyn (Rhuthin), J. D. Gwyn Jones (Bow Street), J. B. Owen (Bangor), Islwyn Thomas (Llandeilo), H. G. Williams (Pwllheli). Mae'r Panel yn neilltuol o ddiolchgar i Rh. ap Rh. Owen (Clinigau Ceffylau Fyrnwy) am roi mor helaeth o'i amser yn hyn o beth; aeth trwy'r rhestr â chrib fan gan nodi nifer sylweddol o awgrymiadau tra gwerthfawr; corfforir y rhan fwyaf o'r rhain yn y fersiwn terfynol hwn.

Nid dyma'r ymgais gyntaf i lunio rhestr Gymraeg o dermau amaethyddol a milfeddygol. Bu sawl un yma o'r blaen. Lluniodd Lewis Morris restr fer o 'Dermau Hwsmonaeth' a chafwyd gan Iolo Morganwg rai cyffelyb ar wasgar trwy ei amryfal lawysgrifau. Cynhwysai rhai cyhoeddiadau o'r ganrif ddiwethaf (e.e. *Y Ffermwr* [George Nichols, cyf.] 1848) eirfa fer i egluro ystyr rhai termau neu i roi cyfystyron Saesneg. Ond mae'n debyg mai'r cynnig cyntaf i lunio geirfa gynhwysfawr o'r fath oedd y ddwy restr a gyhoeddwyd yn y cylchgrawn *Gwyddor Gwlad* yn 1955 a 1963. A thra oedd aelodau'r Panel presennol yn agosáu at gwblhau eu gwaith cyhoeddwyd y llyfryn gwerthfawr *Termau Amaeth* gan R. John Edwards (Canolfan Astudiaethau Iaith, Bangor 1991).

Bu gan y diweddar Llywelyn Phillips ran allweddol yn rhai o'r datblygiadau diweddar hyn a chafwyd ganddo ddisgrifiad o'r gwaith arloesol y bu ef yn ymwneud ag ef yn ei gasgliad ysgrifau *Hel a Didol* (1981, tt. 30–33). Y brif broblem bob amser wrth lunio rhestr o dermau technegol yw sut orau i gyrraedd cyfaddawd rhwng y fersiynau cydwladol, safonol ar y naill law a'r termau brodorol cyfatebol ar y llall. Ni fu gweithgareddau'r Panel presennol yn eithriad ychwaith yn hyn o beth. Yn wir, oherwydd natur y pwnc a'r cysylltiadau annatod rhyngddo a gweithgareddau bywyd cyffredin, mae'n debyg mai yn y meysydd amaethyddol a milfeddygol y gwelir y tyndra hwn ar ei amlycaf. At hyn ceir cryn amrywiaeth termau o'r naill ardal i'r llall. Nid problemau diweddar mo'r rhain. Dros dair canrif yn ôl wynebwyd John Worlidge gan yr un broblem wrth lunio ei *Dictionarium Rusticum* (1681):

> There is such a Bable of Confusion . . . in [Agricultural] Terms, that remove a Husbandman but fifty or an hundred Miles from the place where he has constantly exercised his Husbandry . . . and he shall not only admire their Method and Order in Tilling the Land but also their strange and uncouth Language and Terms by which they Term their Utensils, Instruments, or Materials they use . . .

Cymhlethwyd y sefyllfa ymhellach byth yn y Gymraeg gan yr angen i sicrhau cysondeb rhwng rhai o'r termau newydd â'r rhai cyfatebol a oedd eisoes wedi ymddangos mewn rhestrau blaenorol megis *Termau Meddygol* a *Termau Bioleg, Cemeg, Gwyddor Gwlad.*

Dylid pwysleisio nad ein bwriad oedd rhestru'r holl eiriau Cymraeg sydd (neu a fu) ar gael ar gyfer term Saesneg ond yn hytrach argymell y rhai a fyddai (ym marn y Panel) fwyaf addas a derbyniol ar gyfer cyfathrebu heddiw. Sylweddolir y gall hyn beri chwithdod i rai a fydd yn synnu o ganfod na chynhwysir rhai o'u termau neilltuol hwy yn y rhestr. Weithiau, ceir dau gynnig Cymraeg – y naill yn derm 'brodorol' at iws cefn gwlad a'r llall yn derm 'cydwladol' ar gyfer cyfathrebu mwy ffurfiol. A phan geir mwy nag un cynnig Cymraeg ar gyfer term Saesneg dilynir yr un canllawiau ag a amlinellwyd mewn cyhoeddiadau blaenorol, sef mai'r term cyntaf yw'r un yr argymhellir ei ddefnyddio.

Rhaid diolch i Wasg Prifysgol Cymru am eu gofal arferol wrth argraffu'r llyfryn. Mawr yw ein diolch hefyd i Rahel Davies, Cofrestrfa Prifysgol Cymru, am ei chryn amynedd a phroffesiynoldeb wrth baratoi'r rhestr i'w chyhoeddi. Ac nac anghofier Mr Thomas Thomas yn hyn oll. Ef a wthiodd y cwch i'r dŵr – neu a gydiodd yng nghyrn yr aradr – yn y lle cyntaf ac oherwydd hynny y mae'n dyled iddo yn sylweddol.

1 Rhagfyr 1993   *R. Elwyn Hughes*
Caerdydd

Mae'r Midland yn falch iawn o'r cyfle i ddangos cefnogaeth i'r diwydiant amaethyddol yng Nghymru mewn ffordd adeiladol ac ymarferol drwy noddi'r geiriadur newydd hwn mewn cydweithrediad â Phrifysgol Cymru. Teimlwn ei bod yn hollbwysig fod yr enwau a'r termau a ddefnyddir yn aros ar lafar gwlad a gobeithiwn y bydd y geiriadur hwn yn fodd i hyrwyddo defnydd ehangach o'r geiriau hyn.

Midland yw'r Banc sydd â'r presenoldeb mwyaf blaenllaw ym myd amaeth yng Nghymru, gyda thîm o arbenigwyr wedi eu lleoli yng nghefn gwlad. Maent bob amser yn barod ac awyddus i drafod eich anghenion busnes drwy gyfrwng yr iaith Gymraeg.

MIDLAND
AMAETH
Y Banc sy'n Gwrando
member HSBC **◆X◆** *group*

Byrfoddau

ans	ansoddair
be	berfenw
be anghyfl	berfenw o ferf anghyflawn
be gyfl	berfenw o ferf gyflawn
eb	enw benywaidd
eg	enw gwrywaidd
ell	enw lluosog

Saesneg	Cymraeg
Abattoir	lladd-dy, lladd-dai (eg)
abdomen	abdomen, -au (eb)
	bol, -iau (eg)
abdominal	abdomenol (ans)
a. cavity	ceudod (-au) abdomenol (eg)
abdominocentesis	abdominocentesis (eg)
	boldrychiad (eg)
abiotrophy	abiotroffedd (eg)
ablactation - see 'dry off'	
abnormal	annormal (ans)
abomasopexy	sefydlogiad yr abomaswm (eg)
abomasum (4th ruminant	abomaswm (eg)
stomach)	cylla terfyn cilfilyn (eg)
abort, to	erthylu (be)
	taflu/bwrw (be)
aborted	erthyledig (ans)
abortion	erthyliad, -au (eg)
contagious a.	erthyliad cyhyrddiadol (eg)
fungal/mycotic a.	erthyliad ffyngaidd/mycotig (eg)
infectious a.	erthyliad heintus (eg)
abrasion	crafiad, -au (eg)
	ysgythriad, -au (eg)
abreaction	gwrthadwaith, gwrthadweithiau (eg)

1

abscess	crawniad, -au (eg)
	crawngasgliad, -au (eg)
	crynofa (eb)
absorb, to	amsugno (be)
absorption	amsugniad (eg)
abstain, to	ymwrthod â (be)
	ymatal rhag (be)
acanthosis	acanthosis (eg)
acaricide	gwiddonleiddiad, gwiddonleiddiaid (eg)
acarid	acarid, -au (eg)
	gwiddonyn, gwiddon (eg)
acarine diseases	clefydau'r gwiddon (ell)
accessory	atodol (ans)
a. nerve	nerf atodol (eb/g)
acclimatisation value	gwerth cynefino (eg)
(sheep)	
acclimatise, to	
1 general	1 cynefino (be)
2 climate	2 (ym)hinsoddi (be)
acclimatised (hefted)	defaid cynefodig (ell)
sheep	
accredited	achrededig (ans)
	cydnabyddedig (ans)
a. milk	llaeth/llefrith achrededig (eg)
acetabular	creuol (ans)
	acetabwlaidd (ans)

acetabulum	crau, creuau (eg)
	acetabwlwm (eg)
acetonaemia (ketosis, slow fever)	acetonemia (eg)
achalasia	achalasia (eg)
ache	poen, -au (eg/b)
	gwayw, gwewyr (eg)
	dolur, -iau (eg)
	cur, -iau (eg)
to ache	dolurio (be)
	gwynio (be)
	brifo (be)
Achilles tendon	llinyn y gar, llinynnau y gar (eg)
achlorhydria	ansuredd (eg)
	anasidedd (eg)
achondroplasia	achondroplasia (eg)
	namffurfiant esgyrn (eg)
achondroplastic	achondroplastig (ans)
acid soil	pridd sur, -oedd sur (eg)
acidity	suredd (eg)
	asidedd (eg)
acidosis	asidosis (eg)
metabolic a.	asidosis metabolaidd (eg)
renal a.	asidosis arennol (eg)
respiratory a.	asidosis resbiradol (eg)
acne - see also 'blackhead'	plorod (ell)
	tosau (ell)
contagious a.	plorod cyhyrddiadol (ell)

acre	erw, -au (eb)
	cyfair (cyfer), cyfeiriau (cyferi) (eg)
	acer, -i (eb)
ACTH	ACTH, adrenocorticotroffin (eg)
actinobacillosis (wooden tongue of cattle)	y dafod bren (eb)
	actinobacilosis (eg)
	llyffant melyn (gwartheg) (eg)
actinomycosis (lumpy jaw)	cernfawredd (eg)
	actinomycosis (eg)
action (horse)	symudiad, -au (eg)
active immunity	imwnedd ymatebol (eg)
acupuncture (the science)	acwbigiaeth (eg)
acupuncture (the act)	acwbigiad, -au (eg)
	nodwyddiad, -au (eg)
acupuncture, to	acwbigo (be)
	nodwyddo (be)
acute	llym (ans)
	llymdost (ans)
acute death syndrome (poultry)	syndrôm llymdost angheuol (dofednod) (eg)
acute form (of a disease)	ffurf lemdost (ar glefyd) (eb)
adapt, to	addasu (be anghyfl)
	ymaddasu (be gyfl)
adaptation	ymaddasiad, -au (eg)
adaptive	ymaddasol (ans)

4

addicted	caeth(yddol) (ans)
additive (foodstuff)	atchwanegyn, atchwanegion (eg)
addled (egg)	(wy) clwc, -au clwc (eg)
	cloncwy (eg)
	(wy) gorllyd (eg)
adenitis	adenitis (eg)
adenoacanthoma	adenoacanthoma (eg)
adenocarcinoma	adenocarsinoma (eg)
adenofibroma	adenoffibroma, adenoffibromâu (eb)
adenoid	adenoid, -au (eg)
adenolymphoma	adenolymffoma (eg)
adenoma	adenoma, adenomâu (eg)
adenomatosis	adenomatosis (eg)
adenomyoma	adenomyoma (eg)
adhesion	adlyniad, -au (eg)
adipose	brasterog (ans)
	blonegog (ans)
adipose tissue	meinwe frasterog/flonegog (eb)
administer, to	rhoi(cyffur) (be)
adopt, to	mabwysiadu (be)
adrenal gland	y chwarren adrenal, chwarennau adrenal (eb)

adrenaline	adrenalin (eg)
adsorbent	arsugnydd, -ion (eg)
adulterate, to	amhuro (be)
adulterated	amhuredig (ans)
adulteration	amhuriad, -au (eg)
adze	neddyf, -au (eb) neddai, neddeiau (eb)
aerial spraying	chwistrellu o'r awyr (be)
aerobic	aerobig (ans)
aerophagy	llyncwynt (eg)
aerosol	aerosolyn, aerosolion (eg)
affected (area)	(rhan) ddolurus (ans)
afferent	mewnddygol (ans) afferol (ans)
affinity	perthynas (eb) atyniaeth (eb)
afforestation to afforest	coedwigaeth (eb) coedwigo (be)
after-birth (placenta)	brych, -od (eg) y garw, geirw (eg) y gwared, -ion (eg)
to throw a-b	bwrw'r brych (be)
after-crop	eilgnwd, eilgnydau (eg)

6

aftercrop, to	eilgnydio (be)
aftermath	adladd, -au (eg)
agent	cyfrwng, cyfryngau (eg)
agglutinate	cyfludo (be) agludo (be)
agglutinated	cyfludedig (ans) agludedig (ans)
agglutination	cyfludiad (eg) agludiad (eg)
a. test	prawf cyfludo (eg)
agglutinin	cyfludydd, -ion (eg) agludydd, -ion (eg)
aggravate, to	gwaethygu (be)
aggression	ymladdgaredd (eg) ymosodiaeth (eb)
aggressive	ymladdgar (ans)
aggressiveness	ymladdgarwch (eg)
agist, to	porfelu (be)
agisted sheep	defaid cadw (ell)
agistment	porfelaeth (eb)
agranulocytosis	agranwlocytosis (eg)
agrarian	tiryddol (ans) amaethyddol (ans)

Agricultural and Food Research Council	Cyngor Ymchwil Amaeth a Bwyd (eg)
Agricultural Development & Advisory Service (ADAS)	Gwasanaeth Ymgynghori a Datblygu Amaeth (GYDA)
Agricultural Holding	Daliad Amaethyddol (eg)
Agricultural Land Tribunal	Tribiwnlys Tir Amaeth (eg)
Agricultural Wages Board	Bwrdd Cyflogau Amaethyddol (eg)
agronomy	agronomeg (eb) glaswellteg (eb)
ailing	anhwylus (ans)
ailment	anhwylder, anhwylderau (eg)
air lock	aerglo (eg)
air passages	llwybrau anadlu (ell)
air sac (poultry)	cwdyn aer, cydynnau aer (dofednod) (eg)
aitchbone	asgwrn y ffolen/gloren (eg)
albinism	albinedd (eg)
albino	albino (eg) albinaidd (ans)
albumen/albumin	albwmin (eg)
alfalfa - see 'lucerne'	
alimentary	maethol (ans)

alimentary canal/tract	pibell faeth (eb)
alkaline	alcalïaidd (ans)
alkalinity	alcalinedd (eg)
alkalosis	alcalosis (eg)
metabolic a.	alcalosis metabolaidd (eg)
respiratory a.	alcalosis resbiradol/anadlol (eg)
allantois	yr ail bledren geni
allergic	alergaidd (ans)
allergic alveolitis	llid alergaidd y gorfannau (eg)
	alfeolitis alergaidd (eg)
allergy	alergedd, -au (eg)
allotment	rhandir, -oedd (eg)
allowance	lwfans, -au (eg)
alluvium	llifbridd (eg)
	dolbridd (eg)
alopecia	alopecia (eb)
	moeledd (eg)
a. areata	clwy'r llwynog (eg)
	alopecia areata
a. totalis	*alopecia totalis*
alterative	cyffur adferol (eg)
alternative	amgen (ans)
a. technology	y dechnoleg arall (eb)
alveolar	
1 gums	1 gorfannol (ans)
2 lungs	2 alfeolaidd (ans)

alveolitis	llid y gorfannau (eg) alfeolitis (eg)
alveolus - see also 'gum'	alfeolws, alfeoli (eg)
amalgam	amalgam (eg)
amalgamate, to	cyfuno (be) amalgameiddio (be)
amaurosis	dallineb (eg)
amble, to (horse)	rhygyngu (be)
amino acid	asid amino, asidau amino (eg)
amniocentesis	pigiad brych-bilen (eg) amniocentesis (eg)
amnion	pledren/chwysigen ddŵr (y geni) (eb) amnion (eg)
amniotic fluid	hylif amniotig (eg)
ampoule	costrel, -i (eb)
ampulla	ampwla, -au (eg)
amputate, to	amdrychu (be) torri ymaith (be)
amputation	amdrychiad, -au (eg)
ampute	bonyn, bonion (eg) stwmp (eg)

amylase
  salivary a.
  pancreatic a.
	amylas, -au (eg)
	amylas salifaidd (eg)
	amylas pancreatig (eg)

amyloid degeneration	dirywiad amyloidaidd (eg)
anabolism	anabolaeth (eb)
anaemia	anemia (eg)
anaemic	anemig (ans)
	â diffyg gwaed (eg)
	diwryg (ans)
anaerobic	anerobig (ans)
anaesthesia	
1 state of	1 anesthesia (eb/g)
2 science of	2 anestheteg (eb)
(= anaesthetics)	
anaesthetic	anesthetig, -ion (eg)
general a.	a. cyffredinol (eg)
intravenous a.	a. mewnwythiennol (eg)
local a.	a. lleol (eg)
regional a.	a. rhanbarthol (eg)
anal	anol (ans)
a. canal	pibell yr anws (eb)
a. rust	llys anws (eg)
analgesia	poenliniaredd (eb)
analgesic	poenliniarydd, -ion (eg)
	poenliniarol (ans)
analyse, to	dadansoddi (be)
analysis	dadansoddiad, -au (eg)
anaphylactic	anaffylactig (ans)
anaphylaxis	anaffylacsis (eg)

11

anaplasmosis	anaplasmosis (eg)
anaplastic	di-ffurf (ans)
anastomosis	anastomosis (eg)
	ymuniad (eg)

anatipestifer infection
(ducks)

haint anatipestifer (hwyaid) (eb)

anatomy
  1 the science of
  2 pertaining to a body

1 anatomeg (eb)
2 anatomi (eg)

ancestral traits	nodweddion hynafiadol (ell)
anemophilous	anemoffilaidd (ans)

aneurysm

ymlediad (rhydweli/arteri) (eg)
aniwrysm (eg)

  aortic a.
  arteriosclerotic a.
  arteriovenous a.
  cardiac a.
  cerebral a.

  dissecting a.
  saccular a.

ymlediad/aniwrysm aortig (eg)
y./a. arteriosglerotig (eg)
y./a. arteriowythiennol (eg)
y./a. y galon (eg)
y./a. yr ymennydd (eg)
y./a. cerebrol (eg)
y./a. ymddyrannol (eg)
y./a. sachennol (eg)

angioma	angioma (eg)
angleberry (horses/cattle)	dafaden, -nau (eb)
Anglo-Arab (horse)	(ceffyl) Eingl-Arab (ans)
animal fats	brasterau anifeiliol (ell)
Animal Health Division	Adran Iechyd Anifeiliaid (eb)

ankylosing of joints	asiol (ans) cymalasiol (ans)
ankylosis	asiad asgwrn/cymal (eg)
annual (plant)	unflwyddiad, unflwyddiaid (eg) unflwydd (ans)
anodyne	cyffur esmwytho (eg) poenliniaryn (eg)
anoestrus	anoestrws (eg)
anorchidism	digeilledd (eb)
anorectic	anorectig (ans)
anorexia	anorecsia (eg)
anoxia	anocsia (eg) diffyg ocsigen (eg)
antacid	gwrthasidyn (eg) gwrthsuryn (eg)
antagonistic (e.g. muscles)	gwrthweithiol (ans)
anterior	blaen (ans) anterior (ans)
antero-	blaen-
anthelmint(h)ic	gwrthlyngyrydd, -ion (eg) gwrthlyngyrol (ans)
anthrax	anthracs (eg) clefyd y ddueg (eg)

antibiotic	antibiotig, -au (eg)
	gwrthfiotig, -au (eg)
antibody	gwrthgorffyn, -nau (eg)
	antibodi, antibodïau (eg)
anticlockwise	gwrthglocwedd (ans)
anticoagulant	gwrthgeulydd, -ion (eg)
anticonvulsant	gwrthgonfylsiynydd, -ion (eg)
antidiarrhoeal	gwrthryddnol (ans)
antidote	gwrthwenwyn, -au (eg)
antiemetic	gwrthgyfogydd, -ion (eg)
	gwrthgyfogol (ans)
antifungal	gwrthffyngol (ans)
antigen	antigen, -au (eg)
anti-inflammatory	gwrthlidiol (ans)
antipyretic	gwrthdwymynol (ans)
antirachitic	gwrthrachidig (ans)
	gwrthlechol (ans)
antiseptic	antiseptic (ans)
	gwrthfadreddol (ans)
antispasmodic	gwrthddirdynnol (ans)
antitoxic	gwrthdocsig (ans)
antitoxin	gwrthdocsin, -au (eg)

antitussive	gwrthbesychydd, -ion (eg)
	gwrthbesychol (ans)
antivivisection	gwrthfywddyranedd (eg)
antler	rhaidd, rheiddiau (eg)
	corn carw, cyrn carw (eg)
anuria	didroeth(edd) (eg)
anus	anws (eg)
anvil	einion/eingion, -au (eb/g)
aorta	aorta (eg)
aortic	...(yr) aorta/aortig (ans)
a. rupture	rhwyg yr aorta
aperient	carthydd, -ion (eg)
	carthyddol (ans)
aperture	
1 in operation	1 archoll, -ion (eg)
2 anatomical structure	2 agorfa, agorfâu (eb)
apiary	gwenynfa, -feydd (eb)
apnoea	ananadledd (eg)
apoplexy	trawiad parlysol (eg)
	strôc barlysol (eb)
apothecary	apothecari, -aid (eg)
	cyffuriwr, cyffurwyr (eg)
apparatus	offer (ell)
	cyfarpar (eg)

appearance	golwg, golygon (eb)
	gwedd, -au (eb)
	ymddangosiad (eg)
appendage	atod, -ion (eg)
appendix	coluddyn crog (eg)
	apendics (eg)
appetite	archwaeth (eg)
a. depressant	gostyngydd archwaeth (eg)
	diarchwaethyn (eg)
a. stimulant	archwaethyn (eg)
appliance	offer (ell)
	teclyn, taclau (eg)
application	
1 cold water	1 arosodiad (dŵr oer) (eg)
2 request	2 cais, ceisiadau (eg)
	ceiseb, -au (eb)
3 form	3 ceislen, -ni (eb)
appointment	
1 for interview	1 apwyntiad, -au (eg)
2 job	2 penodiad, -au (eg)
appraise, to - see	
'evaluate'	
apprentice	prentis, -iaid (eg)
approved premises	anheddau cymeradwy(edig) (ell)
approximate	brasgywir (ans)
approximate, to	brasamcanu (be)
approximation	brasamcan, -ion (eg)

16

aquatic	dyfrol (ans)
aqueous humour	llyn y llygad (eg) yr hylif dyfrllyd (eg)
arable (land)	(tir) âr (eg) tir coch (eg)
a. crops	cnydau âr (ell)
arachnoid	arachnoid (ans)
arbitration	cyflafareddiad, -au (eg)
arch, to	crymu (be)
areolar tissue	meinwe areolaidd, -oedd a. (eg)
ark (e.g. poultry/pigs)	pigdy dofednod/moch (eg)
aromatic	aromatig (ans)
arrangement	trefniant, trefniannau (eg)
arrest (cardiac)	ataliad y galon (eb)
arrhythmia	afreoleidd-dra (eg)
arsenic	arsenig (eg)
arterial	rhydwelïol (ans)
arterial blood	gwaed rhydwelïol (eg)
arteriole	rhydwelyn, -nau (eb)
arteriosclerosis	arteriosglerosis (eg)
arterio-venous	rhydwythiennol (ans)

artery	rhydweli, rhydwelïau (eb)
	arteri, arterïau (eb)
arthritis	arthritis (eg)
	llid y cymal(au) (eg)
arthrography	cymalgraffaeth (eb)
arthroplasty	cymalffurfiad (eg)
arthroscopy	cymalsylledd (eg)
articular	cymalog (ans)
artificial insemination	llofhadiad (eg)
to practise a. i.	enhadu artiffisial (be)
	llofhadu (be)
artificial manure	gwrtaith, gwrteithiau (eg)
ascites	asgites (eg)
	dropsi'r bol (eg)
asepsis	asepsis (eg)
	difadredd (eg)
ash (food analysis)	cynnwys mwynol (eg)
aspergillosis	aspergilosis (clefyd ffyngol) (eg)
aspermia	diffyg had (eg)
	asbermedd (eg)
asphyxia	myctod (eg)
ass (donkey) - see also	asyn, -nod (eg)
'jackass, jennyass'	
assimilate, to	cymathu (be)

asthma	asthma (eg) mygfa/mogfa (eb) y fogfa (eb)
astringent	cyffur sychu/rhwymo (eg)
asystole	ataliad y galon (eg) saib y galon (eb)
at foot/heel (calf)	(llo) ar ei hôl hi (llo) wrth ei throed/thraed (hi)
ataxia	atacsia (eg) simsanrwydd (eg)
atelectasis	atelectasis (eg)
atheroma	atheroma (eg) dyfotgranc, -od (eg)
atlas (bone)	atlas (eg)
atonia	atonedd (eg) llipäedd (eg)
atopic	atopig (ans)
atresia	atresia (eg) didylledd (eg)
atrium (auricle)	atriwm (eg) cyntedd y galon (eg)
atrophic rhinitis	llid ffroenol atroffaidd (eg)
atrophy	gwywad (eg) crebachiad (eg)
to atrophy	gwywo (be) crebachu (be)

19

attack	pwl, pyliau (eg)
	trawiad -au (eg)
attested	ardystiedig (ans)
a. herd	buches ardystiedig (eb)
auction	arwerthiant, arwerthiannau (eg)
	ocsiwn, ocsiynau (eb)
auctioneer	arwerthwr, arwerthwyr (eg)
	ocsiwnïer (eg)
auditory	clybodol (ans)
	clywedol (ans)
a. nerve	nerf y clyw (eb)
auger	taradr, terydr (eg)
food/corn a.	tarad-godwr/troellgodwr (eg)
Aujeszky's disease	clefyd Aujeszky (eg)
(pseudo-rabies)	ffug-gynddaredd (eg)
	y crafu gwallgof (eg)
aural	clustol (ans)
auricle (atrium)	awricl, -au (eg)
	cyntedd y galon (eg)
auricular (of ear)	clustennol (ans)
auriscope	clustsyllydd (eg)
auscultate, to	clustfeinio (be)
auscultation	clustfeiniad (eg)
autoimmune	hunan-imwn (ans)
autonomic nervous system	cyfundrefn nerfol awtonomig (eb)

autopsy	awtopsi (eg)
auto-sex-linked	rhyw-hunangysylltiedig (ans)
avian	adarol (ans)
a. infectious laryngo-tracheitis (ILT)	laryngotracheitis adarol heintus (eg)
a. influenza	anwydwst adarol (eg)
a. pox	brech yr adar (eb)
a. tuberculosis	darfodedigaeth adarol (eg/b)
aviary	adardy, adardai (eg)
awn	col, -ion (eg)
awner	digolydd (eg)
	digolreg (eb)
	teclyn digolio (eg)
axilla	cesail, ceseiliau (eb)
axis	
1 of graph	1 echelin, -au (eg)
2 of bone	2 acsis (eg)
axle	echel, -au (eb)
axle-pin (linch pin)	echelbin, -nau (eg)
	gwarbin, -au (eg)
	limpin, -nau (eg)
azoturia (set fast)	asotwria (eg)
azygos	asygos (eg)

21

Babesiosis (red water, piroplasmosis)	piso gwaed (be) dŵr coch (eg) babesiosis (eg) piroplasmosis (eg)
bacillary	bacilaidd (ans)
Bacillary White Diarrhoea (BWD) - see 'pullorum disease'	
bacillus	bacilws (eg)
back, to (move a horse)	bacio (be)
back bleeding (oversticking)	gwaediad anghelfydd (eg)
back passage - see 'rectum'	
backband	cefnrhaff/cendraff, -au (eb)
backbone (spine)	asgwrn y cefn (eg) colofn y cefn (eb)
back-chain	carwden, -ni (eb) cefndres, -i (eb)
backcross	ôl-groesiad, -au (eg)

bacon
 	
  green b.
  prime back b.
  streaky b.
  side of b. - see 'flitch'
	bacwn (eg)
	cig moch(yn) (eg)
	b. lled-hallt (eg)
	b. cefn ystlys (eg)
	b. brith (eg)

baconer (pig)	mochyn halltu, moch halltu (eg)

bacter(a)emia	bacteremia (eg)
bacteria (sing., bacterium)	bacteria (un. bacteriwm) (eg)
bacterial	bacterol (ans)
bacteriocidal	bacterioleiddiol (ans)
bacteriology	bacterioleg (eb)
bacteriophage	bacterioffag, -au (eg)
bacteriostatic	bacteriostatig (ans)
badger	broch, -ion (eg)
	mochyn daear (eg)
	daearfochyn (eg)
bag - see 'udder'	
bag, to (to bag up)	cadeirio (be)
	magu cadair (be)
bail	parlwr godro symudol (eg)
bailiff	hwsmon, -iaid (eg)
bait (horse feed)	ebran, -nau (eg)
balance	mantol, -au (eb)
	tafol, taflau (eb)
spring b.	clorian, -nau (eb)
	mantol sbring (eb)
	stilian (eg)
	mantol densweiar (eb)
balanced diet/ration	ymborth/lluniaeth cytbwys (eg)

balanitis	balanitis (eg)
	gweinwst y pidyn (eg)
bale	bwrn, byrnau (eg)
to bale	byrnio (be)
baler	byrnwr (eg)
ball	pelen, -ni (eb)
ball and socket joint - see 'joint'	
balling gun	teclyn pils(i)o (eg)
	gwn pils(i)o (eg)
ballottement	llofdeimlad (eg)
to practise b.	llofdeimlo (be)
balsam	balsam, -au (eg)
	eneinlyn, -nau (eg)
bandage	bandais, bandeisiau (eg)
	amrwymyn, -nau (eg)
to bandage	amrwymo (be)
bantam	bantam (eb)
cock b.	ceiliog b. (eg)
bar pad (of horseshoe)	pad gwarchod, padiau gwarchod (eg)
bar shoe (of horseshoe)	barbedol (eb)
barbed wire	weiren bigog (eb)
barbs (mouth papules)	goflew (ell)

bark	
1 of animal	1 cyfarthiad (eg)
2 of tree	2 rhisg(l) (ell)
barley	barlys (ell)
	haidd (ell)
a single grain	heidden (eb)
type of	heiddyn (eg)
barn	ysgubor, -iau (eb)
barnacle	gefel drwyn, gefeiliau trwyn (eb)
barred (plumage)	(plu) stribedig (ans)
barrel	
1 thorax	1 brongist, -iau (eb)
2 cask	2 casg(en), casgiau/casgenni (eg.b)
barren (cow)	(buwch) wag (ans)
barrener	myswynog/byswynog, -ydd (eb)
barrow	berfa, berfâu (eb)
basic slag	slag basig (eg)
basophilia	basoffiledd (eg)
bastard fallow	braenardir rhannol (eg)
bastard strangles	gwyllt-ysgyfeinwst (eg)
bastard trenching	trefnrychu (be)
bathe, to	esmwytholchi (be)
battery system	system gawellog (eb)

baulk(ing) - see 'ridge'

bay
  1 section of hayshed

  2 of hounds etc.
    at bay

bay horse - see 'horse
  colours'

beak

bean, broad
  runner beans

beast (bovine)

beastings (colostrum)

beat

bedding/litter (for
  animals)
    to bed down

bed-sore

bee (drone)

    (worker)

1 golau, goleuau (eg)
  cowlas, -au (eg.b)
  duad, -au (eg)
2 cyfarthiad, -au (eg)
  ar ei gyfarth

pig, -au (eb)
gylfin, -au (eg)

ffeuen, ffa (eb)
ffa dringo (ell)

anifail, anifeiliaid (eg)
creadur, -iaid (eg)

llaeth/llefrith torro (eg)
llaeth/llefrith melyn (eg)
llaeth/llefrith llo bach (eg)
colostrwm (eg)

curiad -au (eg)

gwasarn, -au (eg)
sarn, -au (eg)
gwasarnu (be)
sarnu (be)

briw gorwedd, briwiau gorwedd (eg)

gwenynen ormes, gwenyn gormes (eb)
bygegyr, -on (eg)
gwenynen weithio, gwenyn gweithio (eb)

26

bee sting	pigiad gwenynen (eg)
beef	cig eidion (eg)
b. cattle	gwartheg cig (ell)
beehive	cwch gwenyn, cychod gwenyn (eg)
behaviour therapy	triniaeth gyflyru (eb)
belch - see 'eructation'	
bellow, to	beichio/beich(i)ad (be)
	peuo (be)
bell-wether	dafad flaen (eb)
belly	bol(a), -iau (eg)
belly-ache	bolgur (eg)
b. band	cengl, -au (eb)
	torgengl, -au (eb)
	tordres, -i (eb)
belt horsepower	marchnerth gyrru (eg)
benign	anfalaen (ans)
bent(-grass)	maeswellt (ell)
(*Agrostis sp.*)	
common or fine bg	maeswellt cyffredin (ell)
(*Agrostis capillaris*)	
creeping bg	maeswellt gwyn y maes (ell)
(*Agrostis stolonifera*)	
beta blocker	beta-atalydd, -ion (eg)
biennial	eilflwyddiad, -au (eg)
bifurcation	deufforchiad, -au (eg)

27

big bale - see 'silage'

bile (gall)	bustl, -au (eg)
bile acids	asidau'r bustl/asidau bustlog (ell)
bile duct	dwythell y bustl (eb)
bile pigments	pigmentau'r bustl (ell)
bile salt(s)	halwyn(au) y bustl (eg)
bilirubin	bilirwbin (eg)
biliverdin	biliferdin (eg)
bill-hook	bilwg, -au (eg)
	gwddyf, -au (eg)
binder	rhwymwr, rhwymwyr (eg)
biochemistry	biocemeg (eb)
biopsy	sampl meinwe (eg)
	biopsi (eg)
birth	genedigaeth, -au (eb)
to give birth	geni (eg)
birth control	rheoli cenhedlu (be)
	rheolaeth cenhedlu (eb)
birth rate	cyfradd genedigaethau (eb)
bisexual	deuryw(iol) (ans)
bit (of a bridle)	genfa (genfa ffrwyn), genfâu (eb)

bitch	gast, geist (eb)
bite	brathiad, -au (eg) cnoad, -au (eg)
black disease (liver) (bradsot, infectious necrotic hepatitis)	clefyd du'r afu (eg)
black spot (teat)	blaengrachen dethol (eb)
black tongue	pelagra cŵn (eg)
blackhead, of turkeys (histomoniasis)	clefyd penddu (eg)
blackleg (blackquarter), of cattle	clefyd/clwy du (eg) y fwren ddu (eb) dolur byr (eg)
blackleg (sheep)	clefyd/clwy byr (eg) clefyd/clwy du (eg)
bladder	pledren ddŵr (eb)
blain/blane - see 'urticaria'	
blaze (mark on horse)	bal (gwyn) (eg) ceffyl bal
bleat, to	brefu (be) breifad (be)
bleeding a bleeding	gwaedu (be) gwaediad, -au (eg)

blemish	
1 defect (congenital)	1 nam, -au (eg)
2 injury	2 anaf, -au (eg)

blepharitis	bleffaritis (eg)
	llid yr amrant (eg)

blind	dall (ans)

blind spot	dallbwynt (eg)

blindness	dallineb (eg)

blinker(s)	bwmbwr (eg)

blister	swigen/chwysigen, chwysigod (eb)
	pothell, -i (eb)

blister, to	pothellu (be)
	codi pothell (be)

blistering agent	pothellyn (eg)
	chwysiglyn (eg)

bloat (rumen)	chwyddwynt y boten fawr (eg)

blood	gwaed, -au (eg)

blood cell/corpuscle	corffilyn gwaed, corffilod gwaed (eg)

blood corpuscles, red	corffilod coch y gwaed (ell)

blood poisoning - see 'toxaemia'	

blood pressure	pwysedd gwaed (eg)

blood spavin	sbafin gwaed (eg)

blood stock (equine)	ceffyl ucheldras (eg)
blood stream	llif y gwaed (eg)
blood vessel	pibell waed, pibellau gwaed (eb)
blood-brain barrier	gwahanfur gwaed-ymennydd (eg)
blowfly (blue bottle, green bottle fly)	cleren/pryf chwythu, clêr/pryfed chwythu (eb)
blown soil	ehedbridd (eg)
blowpipe	chwythbib, -au (eb)
blue ear disease - see 'contagious respiratory syndrome'	
bluetongue (catarrhal fever of sheep)	tafod las (eb) twymyn gatarol defaid (eg)
bog	cors, -ydd (eb) mignen, -ni (eb)
bog spavin	sbafin ddŵr/godennog (eb)
boil	cornwyd - ydd (eg) pendduyn, -nod (eg)
boil, gathering of a	crawnu (be)
bolt (door, gate) to bolt 1 door etc 2 of a horse 3 to sieve 4 of plants	bollt, -iau (eb) 1 bolltio (be) 2 rhedeg bant/torri'n rhydd (be) 3 nithio (be) 4 hadu (be)

bolus	bolws, bolysau (eg)
bone	asgwrn, esgyrn (eg)
bone spavin	cromell y gar (eb) llyncoes (eb)
bone-meal	blawd esgyrn (eg)
Border disease (sheep)	clefyd cryndod yr ŵyn (eg)
botrytis (grey mould)	cawod lwyd (eb)
bots (stomach bots of horses)	pryfed mud (ell) cynrhon mud (ell)
botulism	botwlaeth (eg)
boulder clay	rhewglai (eg) clai iâ (eg)
boundary fence	ffens terfyn, -ys/ffensiau terfyn (eg)
bovine	bofinaidd (ans) ychaidd (ans)
b. spongiform encephalopathy (BSE)	llid meddalu'r ymennydd (gwartheg) (eg)
b. virus diarrhoea	ysgwriaeth/ysgothi firol gwartheg (eg)
bowel	coluddyn, coluddion (eg) (coluddyn bach = small intestine)
bowel colic	gwayw'r perfedd (eg)
bowels (entrails)	perfedd, -ion (eg)
Bowman's capsule	cwpan Bowman (eg)
box walk, to	ofergerdded (be)

bracken	rhedyn cyffredin (ell)
bracken poisoning	clwy'r rhedyn (be)
bradsot - see 'black disease'	
bradycardia	arafedd y galon (eg) bradycardia (eg)
brain (cerebral)	ymennydd, ymenyddion (eg) ymenyddol (ans) cerebrol (ans)

bran
  b. mash
  b. poultice
	bran (eg)
	llith bran (eg)
	powltis bran (eg)

branding iron
  to brand
  to freeze-brand
	haearn nodi (eg)
	croen-nodi (be)
	rhew-nodi (be)

brawn (meat)	brôn (eg)
braxy (sheep)	clefyd/clwy coch (eg)
bray, to	nadu (be)
breaking (horse)	torri i mewn (be) torri at waith (be) cyfrwyo (be) hyweddu (be)
breast breastgirth	brest, -iau (eb) brongengl (eb)
breast of lamb	brest, -iau (eb) parwyden, -nau (eb)

33

breath	anadl, -au (eb)
breathless	diffyg anadl (eg)
breech - see 'crutch'	
breech birth/delivery	esgoriad ffolennol (eg) tinesgor(iad) (eg) geni wysg/lwrw ei din
breeching (strap)	britsyn (eg)
breed	brid, -iau (eg)
breed, to	bridio (be) epilio (cyffredinol) (be)
breeding cycle	cylchred fridio (eb)
brewer's grain	soeg (eg)
bridle b. way/path	ffrwyn, -au (eb) llwybr ceffyl (eg)
bridle with blinkers b. without blinkers	ffrwyn dywyll (eb) ffrwyn olau (eb)
bright blindness (sheep)	dellni rhedynog (eg)
brim (sow/gilt)	llodig (hwch l.) (eb)
brine	heli, helïon (eg)
brisket	brisged (eg)
bristle	gwrychyn, gwrych (eg)
britch/breech wool	gwlân y pedrain (eg)

broad ligament	g(i)ewyn llydan (eg)
broadcast (seed/ fertiliser), to	gwasgaru (be)
broiler	brwyliad, brwyliaid (eg)
broken-in horse	ceffyl ffrwynddof (eg)
broken-mouthed (sheep)	dafad fantach (eb)
broken-wind - see 'emphysemia'	

brome (grass)
  (*Bromus spp.*)
  smooth b.
  (*Bromus racemosus*)
  rye b.
  (*Bromus secalinus*)
  upright b.
  (*Bromus erectus*)
	bromwellt (ell)
	
	b. llyfn
	
	b. ller
	
	b. syth

bronchial	bronciol (ans)
bronchiole	bronciolyn, -nau (eg)
bronchiolitis	bronciolitis (eg)
bronchitis	broncitis (eg) bronceitus (eg)
bronchodilator	broncoledydd, -ion (eg)
bronchopneumonia	bronconiwmonia (eg)
bronchoscope	broncosgôp (eg)
bronchospasm	caethdra (yr anadl) (eg)

bronchus	broncws, bronci (eg)
brood chamber (bees)	siambr epilio (eb)
brood mare	caseg fagu, cesyg magu (eb)
brooder	gwresogiadur, -on (eg) cwb magu cywion (eg)
broody	clwc (ans) gorllyd (ans)
broody hen	iâr glwc, ieir clwc (eb) iâr ori, ieir gori (eb)
brown hare	ysgyfarnog, -od (eb)
brown rat	llygoden fawr/llygoden ffrengig, llygod mawr/ffrengig (eb)
brucellosis (contagious abortion)	erthylu/erthyliad cyhyrddiadol (eg) brucelosis (eg)
bruise	clais, cleisiau (eg)
bruise, to	cleisio (be)
bruised flesh	cnawd cleisiedig (eg)
bruised meat	cig cleisiedig (eg)
bruised sole - see 'sole'	
brushing	cydsgythriad (traed ceffyl) (eg)
brushwood	prysgwydd (ell)
buccal b. cavity	bochaidd (ans) ceudod bochaidd (eg)

buck	bwch, bychod (eg)
male roe deer,	iwrch, iyrchod (eg)
roe-buck	
male fallow or	hydd, -od (eg)
buck-deer	
bulb of heel	sodlyn y carn (eg)
bull	tarw, teirw (eg)
bull burn	llosgdarth (tarw) (eg)
bull calf	llo tarw (eg)
bulldog - see 'barnacle'	
bulling heifer - see 'heat'	
bullock	bustach, bustych/bustechi (eg)
bullring	torch tarw (eg)
bumble bee	cacynen, cacwn (eb)
bumblefoot	troed cnapiog (gnapiog) (eg/b)
bundle	sypyn, -nau (eg)
bung	topyn, topynnau (eg)
to bung	topi(o) (be)
bung gut - see 'rectum'	
bunt order (cattle) - see	trefn blaenoriaeth gwartheg (eb)
also 'pecking order'	
burn	llosg, -iadau (eg)
to burn	llosgi (be)

37

burrow (fox etc)	daear, -au (eb)
bursa	
1 acquired	1 coden (eb)
2 anatomy	2 bwrsa (eg)
bursal enlargement	chwyddgoden (eg)
bursitis	bwrsitis (eg)
infectious b.	bwrsitis heintus (eg)
(Gumboro disease)	
butt (water)	casgen ddŵr, casgenni dŵr (eb)
butt, to	cornio (be)
	topi (be)
	pendaro (llo) (be)
	pwtian (be) (am lo wrth sugno)
butter, unsalted	menyn gwyrdd (eg)
butterfly	glöyn byw, glöynnod byw (eg)
	iâr fach yr haf, ieir bach yr haf (eb)
Large Cabbage White b.	Iâr Wen Fawr (eb)
	Glöyn Gwyn Mawr (eg)
Small Cabbage White b.	Iâr Wen Fach (eb)
	Glöyn Gwyn Bach (eg)
buttock	pedrain, pedreiniau (eb)
buttress foot	carnsodlyn, -nau (eg)
by-law (bye-law)	is-ddeddf (eb)
	mân-ddeddf (eb)
by-pass	dargyfeiriad (eg)
	dargyfeiriol (ans)
b. surgery	llawfeddygaeth ddargyfeiriol (eb)

Cabbage root fly (*Erioischia brassicae*)	pryf gwraidd bresych (eg)
cachectic	cacecsiaidd (ans)
cachexia	cacecsia (eg) musgrellni (eg) nychdod (eg)
cackle, to	clochdar (be)
cad - see 'runt'	
cadaver	celain, celanedd (eb)
cade	oen/ebol llywaeth (eg)
cadme - see 'critling'	
caecum	coluddyn dall (eg) caecwm (eg)
Caesarian birth	geni Cesaraidd (eg)
Caesarian section	toresgoriad, -au (eg)
cake e.g. linseed cake	teisfwyd (eg) e.e. teisfwyd had llin (eg)
calcaneum (fibulare)	asgwrn pen y gar (eg) calcanëwm (eg)
calcareous e.g. c. soil	calchog/calchaidd (ans) e.e. tir calchog
calcification to calcify	calcheiddiad (eg) calcheiddio (be)
calcifuge/calciphobe	(planhigyn) calchgas (ans)

calcination	trylosgiad (eg)
calcinosis	calcheiddiad meinweol (eg)
	calsinosis (eg)
calciole/calciphile	(planhigyn) calchgar (ans)
calcitonin	calsitonin (eg)
calcium (Ca)	calsiwm (Ca) (eg)
calculate, to	cyfrifo (be)
(evaluate)	enrhifo (be)
calculation	cyfrifiad, -au (eg)
(evaluation)	enrhifiad (eg)
calculosis	caregedd (eg)
calculus	carreg, cerrig (eb)
small c.	caregen, caregos (eb)
calf	llo, lloi (eg)
female c.	llo fenyw (eg)
male c.	llo gwryw (eg)
sucking c.	llo sugno (eg)
c. scour	(y)sgwriaeth lloi (eb)
	(y)sgoth (eg)
	traddu (be)
calf diptheria	difftheria lloi (eg)
calibrate, to	graddnodi (be)
calibrated	wedi ei (g)raddnodi (ans)
calibration	graddnodiad (eg)
calk(in) (of horseshoe)	calc/calcyn, calciau (eg)

calliper	caliper (eg)
callosity (of skin)	caleden, -nau (eb)
callus	caleden asgwrn (eb)
calorie	calori, calorïau (eg)
calorific value	gwerth caloriffig (eg)
calving (to calve)	lloia (dod â llo) (be) bwrw llo (be)
calving index	mynegydd lloia (eg)
calving swelling	llid y gadair (eg)
calyx (kidney)	calycs/cwpan (eg)
campylobacteriosis	campylobacteriosis (eg)
can (milk), (stean) - see also 'churn'	ystên (laeth) (eb)
canal	pibell gysylltiol (eb) camlas, camlesi (eg)
cancer	canser, -au (eg)
candidiasis	candidedd (eg)
candling	wybrofi (be)
canine c. parvovirus	ciol/cynol (ans) parfofirws cïol (eg)
canine tooth (eye tooth)	dant llygad (eg) dant ysgithr (eg)

41

canker (horse hoof)	cancr (y wadn) (eg)
canker (cats, dogs)	cancr y glust (eg)
canker (trees)	cancr coed (eg)
cannibalism	canibaliaeth (eb)
cannon (horse)	conasgwrn, conesgyrn (eg)
cannula	pibell, -i (eb)
canter, to	cantro (be)
	lled-garlamu (be)
cantle (saddle)	cantell (cyfrwy) (eb)
capillary	capilari, capilarïau (eg)
	capilarïaidd (ans)
c.network	gwe gapilarïau (eb)
capon	capwllt, capylltiaid (eg)
	ceiliog ysbaddedig/disbaidd (eg)
capped elbow	coden penelin (eb)
capped hock	coden ar y gar (eb)
caprine	gafraidd (ans)
capsule, Bowman's	cwpan Bowman (eg)
capsule, joint	cymalwain (eb)
carbohydrate	carbohydrad, -au (eg)
carbon dioxide	carbon deuocsid (eg)
carbon monoxide	carbon monocsid (eg)
carcase/carcass	carcas, -au (eg)

carcinogen	carsinogen, -au (eg)
carcinogenic	carsinogenaidd (ans)
carcinoid	carsinaidd (ans)
carcinoma	carsinoma (eg)
cardia (stomach)	porth y cylla/stumog (eg)
cardiac	cardiaidd/calonaidd (ans)
c. aneurysm	aniwrysm y galon (eg)
c. arrest	ataliad y galon (eg)
c. failure	methiant y galon (eg)
c. infarction	cnawdnychiant y galon (eg)
c. output	allbwn y galon (eg)
c. tamponade	calon-gyfyngiad (eg)
cardiomegaly	cardiomegali (eg)
cardiomyopathy	cardiomyopathi (eg)
cardiorespiratory	cardioresbiradol (ans)
cardiovascular	cardiofasgwlaidd (ans)
carditis	carditis (eg)
	llid y galon (eg)
caries	pydredd dannedd/esgyrn (eg)
carincle - see 'caruncle'	
carious	pwdr (ans)
carminative	bytheirydd, -ion (eg)
carnassial (tooth)	(dant) cigrwygol (ans)

carnivore	cigysydd, -ion (eg)
carnivorous	cigysyddol (ans)
carotene	caroten (eg)
carotid	carotid (ans)
c. artery	y rhydweli garotid (eb)
carpal	carpalaidd (ans)
carpel	carpel, carpelau (eg)
	ffrwyth-ddeilen (eb)
carpus	carpws (eg)
	glin ceffyl (eb)
carrier (of disease)	cludydd, -ion (afiechyd) (eg)
carrion	abo (eg)
	abwy, -od (eg)
carrot	moronen, moron (eb)
cart	cart, ceirt (eg)
	cert, -i (eb)
	trol, -iau (eb)
c. horse	ceffyl gwedd (eg)
	ceffyl trwm (eg)
cartilage	cartilag (eg)
cartilaginous	cartilagaidd (ans)
cartridge (gun)	cetrisen, cetris (eb)
caruncle (turkey)	cochfarf twrci (eg)
casein	casein (eg)

caseous lymphadenitis	lymffadenitis crawnllyd (eg)
cash flow	llif arian parod (eg)
cast (e.g. plaster)	cast cynnal (eg)
c. iron	haearn bwrw (eg)
to cast - see 'throw'	
to cast (lose teeth)	colli dannedd (be)
castrate, to	(y)sbaddu (be)
	disbaddu (be)
	cyweirio (be)
	torri (ceffyl) (be)
castrate (a castrated animal)	ysbaddyn (eg)
	disbaddyn/disbaidd, disbeiddiaid (eg)
casual worker	gweithiwr tros dro (eg)
casualty (slaughter)	lladdedig(yn), -ion (eg/b)
cat	cath, -od (eb)
c. flu	ffliw'r gath (eb)
tomcat	gwrcath, -od (eg)
catabolism	catabolaeth (eb)
cataract	cataract (eg)
catarrh	(y) diferwst (eg)
	catár (eg)
	lliflyn (eg)
catarrhal	diferog (ans)
	catarol (ans)
	lliflynnog (ans)
catch crop	rhyng-gnwd (eg)

catgut	pwythlin, -iau (eg)
cathartic	carthbeiryn (eg)
	carthydd, -ion (eg)
	cyffur carthedigol (eg)
catheter	cathetr, -au (eg)
catheterization	cathetriad (eg)
cattery	cathlety (eg)
cattle	gwartheg (gwarthegyn, un.) (ell)
clean c.	bustych/bustechi (ell)
dehorned c.	g. digorn (ell)
Hereford c.	g. Henffordd (ell)
poll c.	g. moel (ell)
shorthorn c.	g. byrgorn (ell)
Welsh Black c.	Gwartheg Duon Cymreig (ell)
cattle crush	dalfa gwartheg (eb)
cattle grid	grid gwartheg, gridiau gwartheg (eg)
cattle plague (rinderpest)	pla'r gwartheg (eg)
caudal	cynffonnol (ans)
caul (omentum)	ffedog, -au (eb)
caul fat	bloneg ffedog (eg)
cauldron	pair, peiriau (eg)
cauliflower	blodfresychen, blodfresych (eb)
caustic	costig (ans)
cauterize, to	serio (be)

46

cauterizing iron	haearn serio (eg)
cavernous	ceudodol (ans)
cavity	ceudod, -au (eg)
body c.	ceudod y corff (eg)
chest c.	c. y frongist (eb)
cell	cell, -oedd (eb)
cellular	cellog (ans)
cellulitis	llid yr isgroen (eg)
cellulose	cellwlos (eg)
central nervous system	y brif system nerfol (eg)
	y gyfundrefn nerfol ganolog (eb)
centrifuge	allgyrchydd (eg)
cephalic	ceffalig (ans)
cereal - see also 'corn'	grawnfwyd, -ydd (eg)
cerebellar	cerebelaidd (ans)
cerebellum	yr ymennydd bach (eg)
	cerebelwm (eg)
cerebral	cerebrol (ans)
c. cortex	cortecs cerebrol (eg)
c. hemisphere	hemisffer cerebrol (eg)
cerebrocortical	necrosis cerebrocorticaidd (eg)
necrosis (CCN)	
cerebrospinal fluid	hylif cerebrosbinol (eg)

cerebrovascular	cerebrofasgwlaidd (ans)
cerebrum	cerebrwm (eg)
certificate	tystysgrif, -au (eb)
certify, to	ardystio (be)
cervical	
1 of neck	1 cerfigol (ans)
	gyddfol (ans)
2 of cervix	2 ceg y groth (eb)
	gwddf y groth (eg)
cervix (uterus)	ceg y groth (eb)
	gwddf y groth (eg)
cervix, cancer of	canser ceg y groth (eg)
cesspit	carthbwll, carthbyllau (eg)
chaff	
1 cut hay/straw/gorse	1 torion gwair/gwellt/eithin (ell)
2 husks of corn	2 manus/mân us (etf)
	us (ell)
	peiswyn (eg)
c. basket	gwyntell (us), -i (eb)
chafing	llygriad, -au (eg)
	rhathiad (eg)
chalaza (tread)	llinyn melynwy (eg)
chalk	sialc, sialciau (eg)
champing (at the bit)	cnoi'r enfa (be)
chap(s) (porcine)	dwyen (ell)

chapped teats	tethi briw (ell)
characteristic	nodwedd, nodweddion (eb)
characteristic features	priodweddau nodweddiadol (ell)
charcoal	sercol (eg)
charge (horse treatment)	plastr amrwym (eg)
charlock (*Sinapis arvensis*)	cadafarth (eg) *[sgymygl]* cedw gwyllt (eg)
chat(s) (potatoes)	tatws is-radd (ell)
cheek	boch, -au (eb)
cheese cottage c.	caws, -iau (eg) caws colfran (eg)
chelate, to	celadu (be)
chelated	celedig (ans)
chelation	celadiad (eg)
chemical	cemegyn, cemegion (eg) cemegol (ans)
chemist	cemegydd, cemegyddion (eg)
chemoreceptor	cemodderbynnydd, cemodderbynyddion (eg)
chemotaxis	cemotacsis (eg)
chemotherapy	cemotherapi (eg)
chemotropism	cemotropedd (eg)

cherry-laurel (*Prunus laurocersaus*)	llawrsirianen/lawrsirianen (eb)
chest	brest, -(i)au (eb)

chestnut
  1 tree
  2 colour - see 'horse
  colour'
  3 of horse leg
	
	1 castanwydden (eb)
	
	3 corngainc y goes (eb)

chick day old c.	cyw, -ion (eg) cyw undydd (eg)
chiggers - see 'harvest mites'	

chill
  mild c.
  severe c.
	
	annwyd, anwydau (eg)
	fferdod (eg)

chill (room)	oerfa (eb)
chilled meat	cig wedi'i oeri (eg) oergig, -oedd (eg)
chilver	oen cynnar, ŵyn cynnar (eg)
chin	gên, genau (eb)
chinchilla	chinchilla (eg)
chine	glain yr asgwrn cefn, gleiniau yr asgwrn cefn (eg) cefngig (eg) cefnddryll (eg)
chisel	gaing, geingiau (eb) cŷn, cynion (eg)

chitin	citin (eg)
chitinous	citinaidd (ans)
chitterlings	criwsion (ell)
chitting (potatoes) to chit	eginiad (tatws) (eg) egino (be)
chlamydospore	clamydosbor (eg)
chlorinate, to	clorineiddio (be)
chlorination	clorineiddiad (eg)
chlorine (Cl)	clorin (eg)
chloroform	clorofform (eg)
chlorophyll	cloroffyl (eg)
chocolate spot	ffwng ffa (eg)
choke, to	tagu (be)
cholagogue	bustlifydd, -ion (eg)
cholecalciferol	colecalsifferol (eg)
cholecystitis	llid coden y bustl (eg)
cholelithiasis	caregedd y bustl (eg)
cholera (fowl)	y geri marwol (eg) colera dofednod (eg)
cholesteatoma	colesteatoma (eg)
cholesterol	colesterol (eg)

chondroma	condroma (eg)
chondromalacia	condromalacia (eg)
chondromatosis	condromatosis (eg)
chondrosarcoma	condrosarcoma (eg)
chop, to (hay)	mân-dorri (gwair) (be)
chop (of meat)	golwyth, -(i)on (cig) (eg/b)
chorea	corea (eg)
chorion	ambilen, -ni (eb) corion (eg)
chromatography	cromatograffaeth (eb)
chromosome	cromosom, -au (eg)
chronic	hirfaith (ans) cronig (ans)
chuck (of beef)	asennau canol (ell)
chump (of mutton)	cipyll, -au (eg)
churn 1 butter 2 milk	1 buddai, buddeiau (eb) 2 can/llestr llaeth (eg)
churn, to	corddi (be)
chyle	seimlymff (eg)
chylothorax	afell-laethog (eb)
chylous	seimlymffaidd (ans)

ciliary	ciliaraidd (ans)
ciliary body	corffyn ciliaraidd (eg)
ciliary muscle	cyhyryn ciliaraidd y llygaid (eg)
ciliated epithelium	epitheliwm ciliedig (eg) epitheliwm blewynnol (eg)
cilium (pl. cilia)	ciliwm, cilia (eg) blewiach (ell)
circling	pendroi (be)
circulation	cylchrediad (eg)
circulatory c. system	cylchredol (ans) cyfundrefn/system cylchrediad y gwaed (eb)
circumduct (gait)	troellgamu (be)
cirrhosis	sirosis (eg) ymgreithiad yr afu/iau (eg)

clamp
  1 holding device
  2 potato storage etc
	1 craff, -au (eb)
	2 cladd tatws, claddau tatws (eg)
	  crewyn, -nau (eg)

class	dosbarth, -au, -iadau (eg)
classify, to	dosbarthu (be)
clause	cymal, -au (eg)
claw clawed	crafanc, crafangau (eb) ewin, edd (eg/b) cyfewin (ans)

53

claw back	ad-daliad (eg)
clay clay land	clai (eg) daear gleiog (eb) cleidir, -oedd (eg)

cleansing
  1 cleaning
  2 afterbirth (cow)
	1 glanhau (be)
	2 brych buwch (eg)

cleat
  1 hoof
  2 tractor wheel
	1 olgern, -au (eb)
	2 gafaelyn olwyn, gafaelion olwyn (eg)

cleavage	ymraniad, -au (eg)
cleaver	cleifer, -au (eg)
cleft palate	taflod hollt/dor (eb)
clicking/clacking - see 'forging'	
climate	hinsawdd, hinsoddau (eb)
climbing plant	planhigyn dringo, planhigion dringo (eg)
clinch (clench) to clinch	cleinsiad hoelen (eg) cleinsio (be) sicrhau'r bedol ar y carn (be)
clinical	clinigol (ans)
clinical signs	arwyddion clinigol (ell)
clitoris	clitoris (eg) pidynnig (eg)
cloaca	cloaca (pen ôl aderyn) (eg)

| clockwise | clocwedd (ans) |

clod
  1 mass of soil   1 tywarchen, tyweirch (eb)
  2 of meat   2 ffoniog (eb)

clog (to restrict movement)   delbren, -ni (eg)

clone   clôn -au (eg)
                          epil llwyr unfath

cloning   clonio (be)

clot   ceulad, -au (eg)
  to clot   ceulo (be)

cloud   cwmwl, cymylau (eg)

cloven hoof   hollt ewin (eg)
                          carnaflawg (ans)

clover (*Trifolium* spp)   meillionen, meillion (eb)
  red/white clover   meillionen goch/wen (eb)
  c. rot   malltod meillion (eg)

club foot/hoof (equine)   troed/carn clap(iog) (eg)

club root   gwreiddyn clap(iog) (eg)
  (*Plasmodiophora*
  brassicae)

clutch
  1 of eggs   1 deorif (eg)
                            nythaid (eb)
  2 of engine   2 gafaelydd (eg)

coagulate (a) - see 'clot'

coagulate, to   ceulo (be)

coagulation, (act of)	ceuladedd (eg)
coagulum	ceuled (eg)
coaxial	cyfechelin (ans)

cob
  colt/gelding/stallion c.
  filly/mare c.
	cob, -iau (eg)
	cobyn (eg)
	coben (eb)

cobalt (Co)	cobalt (eg)
coccidiosis	cocsidiosis (eg) clefyd perfeddol (eg)
coccygeal	cynffonnog (ans)
coccyx	asgwrn cynffon (eg)
cochlea	troellen y glust (eb)
cock/cockerel	ceiliog, -od (eg)
cocksfoot (*Dactylis* *glomerata*)	byswellt (ell)
codominance	cyd-drechedd (eg)
codominant	cyd-drechydd (eg) cyd-drechol (ans)
coeliac	coeliag (ans)
coefficient	cyfernod (eg)
digestibility coefficient	cyfernod treuliadedd (eg)
coenurosis (gid)	coenwrosis (eg)

co-enzyme	cydensym (eg)
coffin bone	asgwrn y carn (eg)
coil	torch, -au (eg)
coitus	cypladiad, -au (eg) cypladu (be)
cold(ness)	oerfel/oerni (eg) oer (ans)
cold (infection)	annwyd, anwydau (eg)
cold cow syndrome	parlys y boten (eg)
cold water application - see 'application'	
colic	cnofa, cnofeydd (eb) colig (eg) bolgur (eg)
colisepticaemia	coliseptisemia (eg)
colitis	colitis (eg) llid y coluddyn mawr (eg)
collagen	colagen (eg)
collapse	ymgwympiad, -au (eg)
collar	clustog, -au (eb/g) coler, -i (eg/b) mwnci(lledr) (eg)
collie eye anomaly (CEA)	nam llygaid cŵn (NLLC)
collar gall	briw yr ysgwydd (eg)

57

colloid	coloid, -au (eg)
colloidal	coloidaidd (ans)
collyrium	golchdrwyth optegol (eg)
colon	coluddyn mawr, coluddion mawr (eg)
	herwth, herythau (eb)
	colon (eg)
colonise, to	cytrefu (be)
colony	cytref, cytrefi (eb)
c. of bees	cychaid o wenyn (eg)
coloplexy	sefydlogiad y coluddyn (eg)
colostomy	colostomi (eg)
colostrum (beastings)	llaeth torro/melyn/brith (eg)
	llefrith llo bach (eg)
	colostrwm (eg)
colour (see also horse colours)	lliw, lliwiau (eg)
colo(u)ration	lliwiad (eg)
protective c.	lliwiad gwarchodol (eg)
warning c.	lliwiad rhybuddiol (eg)
colt	ebol, -ion (eg)
coma	côma (eg)
comatose	mewn côma

comb	
1 of cockerel	1 crib ceiliog (eb)
2 honey-c.	2 dil, -iau(mêl) (eg)
	crwybr (gwenyn) (eg)

combination — cyfuniad, -au (eg)

combine, to — cyfuno (be)

combine drill — dril gombein (eb)

combine harvester	dyrnfedwr (eg)
	dyrnwr medi (eg)
	combein (eg)

combined — cyfunol (ans)

come to a head, to	casglu i dorri (be)
(of abscess)	

comfrey	llysiau'r cwlwm (ell)
(*Symphytum officinale*)	cwmffri (eg)

commensal	cydfwytaol (ans)
	comensal (ans)

commensalism	cydfwytäedd (eg)
	comensaledd (eg)

commercial herd — buches fasnachol (eb)

common agricultural policy — polisi amaethyddol cyffredin (eg)

common ancestor — cyd-hynafiad, cyd-hynafiaid (eg)

common land	tir comin, tiroedd comin (eg)
	cimle, -oedd (eg)

Common Market — Y Farchnad Gyffredin (eb)

compactness	crynodedd (eg)
compactor	crynodiadur (eg)
companion cell	cymargell, cymargelloedd (eb)
compensation	
1 financial	1 digollediad (eg)
	iawndal (eg)
2 physiological	2 cyfadferiad, -au (eg)
compensatory (changes)	(newidiadau) cyfadferol (ans)
complement fixation test	prawf sefydlu'r gyflawneb (eg)
complex	cymhligyn, cymhlygion (eg)
	cymhlyg (ans)
to complex	cymhlethu (be)
complication	cymhlethdod, -au (eg)
component	cydran, cydrannau (eb)
composition	cyfansoddiad, cyfansoddiadau
	(yn ôl màs etc) (eg)
total composition	cyfansoddiad cyflawn (eg)
compost	compost (eg)
compound	cyfansoddyn, cyfansoddion (eg)
	cyfansawdd (ans)
c. fertiliser	gwrtaith c. (eg)
compress, a	cywesgyn, -nau (eg)
to compress	cywasgu (be)
compression	cywasgiad, -au (eg)
computer	cyfrifiadur, cyfrifiaduron (eg)

60

concave	ceugrwm (ans)
conceive, to	sefyll (be)
	cyfebru (be)
concentrate, to	crynodi (be)
concentrated	crynodedig (ans)
concentrated acid	asid crynodedig (eg)
concentrate(s)	dwysfwyd, -ydd (eg)
concentration	crynodiad, -au (eg)
a known c.	crynodiad diffiniedig (eg)
conception	ffrwythloniad (eg)
	cenhedliad (eg)
conceptus	cyfebrwydd (eg)
	conceptws (eg)
concession	consesiwn, consesiynau (eg)
concussion	ergydwst (eg)
condensate	cyddwysyn (eg)
condensation (e.g. on cold surface)	cyddwysiad (eg)
condensation (make more concentrated)	tewychiad (eg)
condensed milk	llaeth cyddwys(edig) (eg)

condition	cyflwr, cyflyrau (eg)
good c.	c. graenus (eg)
poor c.	c. di-raen/gwael (eg)
c. scoring	gwerthuso cyflwr (be)
conditioned (as of reflex)	cyflyredig (ans)
conduct, to	dargludo (be)
condyle	condyl (eg)
cone (eye)	pigwrn, pigyrnau (y llygad) (eg)
configuration	ffurfwedd, ffurfweddau (eb)
conformation	cydffurfiad (eg)
congenital	cydenedigol (ans)
	cynhwynol (ans)
congested	gorlenwedig (ans)
congestion	gorlenwad (eg)
	tagedd (eg)
congestive heart failure	diffyg gorlenwol/tageddol y galon (eg)
conifer	conwydden, conwydd (eb)
	coniffer, conifferau (eb)
conjunctiva	cyfbilen, -ni (eb)
conjunctival	cyfbilennol (ans)
conjunctivitis	cyfbilenwst (eg)
connective	cysylltiol (ans)
c. tissue	meinwe gyswllt (eb)

conscious	ymwybodol (ans)
consciousness	ymwybyddiaeth (eb) ymwybod (eg)
consequential loss	colled ôl-ddilynol (eb)
conservation (nature)	cadwraeth (eb) gwarchodaeth (eb)
c. of energy	cadwraeth egni (eb)
consolidation 1 of lungs 2 reinforce	1 ymsolediad (yr ysgyfaint) (eg) 2 atgyfnerthiad (eg)
constant	cyson (ans)
constipated	bolrwym (ans)
constipation	bolrwymedd (eg)
constituent (chemical)	ansoddyn, ansoddau (eg) (cemegol)
constitution	cyfansoddiad, -au (eg)
constrict, to to become constricted	darwasgu (be) ymgulhau (be)
constriction - see also 'vasoconstriction'	darwasgedd (eg) ymgulhad (eg)
constrictive	darwasgol (ans)
construction	adeiladwaith (eg)
constructive	adeiladol (ans)

consultant	ymgynghorydd, -ion (eg)
	ymgynghorol (ans)
consultation	ymgynghoriad (eg)
consulting room	ystafell ymgynghori (eb)
consumer	
1 ecology	1 ysydd, -ion (eg)
2 economics	2 defnyddiwr, defnyddwyr (eg)
consumption (of food) - see also 'tuberculosis'	cymeriant (bwyd) (eg)
contact	cyffyrddiad, -au (eg)
to contact	cyffwrdd (be)
contagion	cyhyrddiad, -au (eg)
contagious	cyhyrddiadol (ans)
contagious abortion (brucellosis)	erthylu/erthyliad cyhyrddiadol (eg)
contagious bovine pleuro-pneumonia	eis-niwmonia bofinaidd cyhyrddiadol (eg)
contagious disease	clefyd cyhyrddiadol (eg)
contagious equine metritis	metritis ceffylaidd cyhyrddiadol (eg)
contagious pustular dermatitis (off/orf)	crach cyhyrddiadol (ar ddefaid) (ell)
	orff (eg)
	croenlid cyhyrddiadol (eg)
contagious respiratory reproductive syndrome (pigs) - see 'porcine'	

container	cynhwysydd, cynwysyddion (eg)
contaminate, to	difwyno (be)
	llygru (be)
contamination	difwyniad (eg)
content	cynnwys, cynhwysion (eg)
contraception	atal cenhedlu (be)
	gwrthgenhedliad (eg)
contraceptive (agent)	
(mechanical)	atalydd cenhedlu, atalyddion cenhedlu (eg)
(drug)	gwrthgenhedlyn, gwrthgenhedlion (eg)
contract, to	
1 general	1 crebachu (be)
2 of muscle	2 cyfangu (cyhyrau) (be)
contract (agreement)	cytundeb, -au (eg)
contracted heels	crebachiad carn (ceffyl) (eg)
contracted tendons	crebachiad tendonau (eg)
contraction	crebachiad (eg)
	cyfangiad (eg)
muscle c.	cyfangiad cyhyrol (eg)
contractor	ymgymerwr (eg)
contra-indication	gwrthgyfarwyddyd/gwrthgyfarwyddiad,-au (eg)
absolute c.	g. llwyr (eg)
contrast radiography	radiograffaeth gyferbyniol (eb)
control, to	rheoli (be)
controlled grazing	pori rheoledig (be)

contuse, to	cleisio (be)
contusion	clais, cleisiau (eg)
convalescence	arwellhad (eg)
convalescent	arwellhaol (ans)
convergence	cydgyfeiriad (eg)
convergent	cydgyfeiriol (ans)
conversion ratio	cymhareb drosi (eb)
convert, to	trawsnewid (be)
convex	amgrwm (ans)
convulsion	confylsiwn, confylsiynau (eg)
	dirdyniad, -au (eg)
cooler	oeriedydd (eg)
coop, chicken	cwt ieir, cytiau ieir (eg)
	cwb ieir, cybiau ieir (eg)
	cut, -iau (eg)
co-ordination	cydgordiad (eg)
	cydgysylltiad (eg)
copper (Cu)	copor (eg)
coppice	prysglwyn, -i (eg)
copse/spinney	coedlan, -nau (eb)
coprophage	carthysydd (eg)
coprosterol	coprosterol (eg)

copulate, to – see also 'to serve'	cypladu (be) cyplysu (be)
copulation	cypladiad (eg) cyplysiad (eg)
cord umbilical cord vocal cords	llinyn, llinynnau (eg) llinyn y bogail (eg) tant y llais (eg) tannau'r llais/llinynnau'r llais (ell)
core (of abscess)	mwydionyn (eg)
cork (stopper)	corcyn, cyrc (eg)
corm	corm, cormau (eg) oddf, oddfau (eg)
corn 1 grain	1 ŷd, ydau (eg) llafur, -iau (eg)
2 of foot	2 corn troed, cyrn troed (eg)
Indian-corn/maize	corn melys (eg) indrawn (eg)
mixed corn	siprys (eg) amyd (eg)
cornflour	blawd corn (eg)
cornea	cornbilen, -ni (eb)
corneal	cornbilennol (ans) cornbilennaidd (ans)
c. opacity	pylni'r gornbilen (eg)
c. pannus	gorchuddwe'r gornbilen (eb)
cornual	cornol (ans)
c. pregnancy	beichiogrwydd cornol (eg)

coronary	coronaidd (ans)
c. artery	rhydweli goronaidd (eb)
c. band	bywyn y carn (eg)
c. groove	rhychdyfiant y carn (eg)
c. thrombosis	tolcheniad y rhydwelïau coronaidd (eg)
coronet	talaith y carn (eb)
corpus	corffyn (eg)
corpus luteum	corpws lwtewm (eg)
corpuscle (blood) - see 'red blood corpuscle'	
corrode, to	cyrydu (be)
corrosion	cyrydiad (eg)
corrosive	cyrydol (ans)
cortex	cortecs (eg)
cortical	corticaidd (ans)
corticosteroid	corticosteroid, -au (eg)
coryza	annwyd (eg)
cost	cost, -au (eg)
costal	asennol (ans)
costing	costiad, -au (eg)
cote	cotel, -au (eb)
	grofft, -au (eb)

cotton grass
  (*Eriophorum*
  angustifolium)
	plu'r gweunydd (ell)

cotton wool	gwlân cotwm (eg)

cotyledon
  1 of seed
 	
  2 of placenta
	1 cotyledon, cotyledonau (eb)
	   had-ddeilen, had-ddail (eb)
	2 afal(au) (ar y brych/cwd) (eg)

couch-grass (twitch) (*Elymus repens*)	marchwellt (ell)
cough to cough	peswch (eg) pesychu (be)
coulter	cwlltwr, cylltyrau (eg)
Country Code, The	Rheolau Cefn Gwlad (ell)
coupled beats (heart)	curiadau cypledig (ell)
cover, to - see 'serve'	
cover/nurse crop	cnwd cyhudd/meithrin (eg)

cow
  c. bing
  c. collar - see 'tie
  chain'
  c. cubicle
 	
  c. heifer
  c. hocked
  c. pat
 	
  c. pox
  c. spancel
  c. tie-post
	buwch, buchod (eb)
	bing, -oedd (eg)
	
	cyfyngle gwartheg, cyfyngleoedd
	  gwartheg (eg)
	treisiad-un-lloiad (eb)
	garagos (ans)
	seigen (eb)
	gleuhaden, gleuad (eb)
	brech y fuwch (eb)
	glindorch, -au (eb)
	buddel, -i (eg/b)

cow parsley	gorthyfail llyfn (eg)
(*Anthriscus sylvestris*)	
cow parsnip (hogweed)	efwr (eg/tf)
(*Heracleum sphondylium*)	
cowbane (water hemlock)	buladd (eg)
(*Cicuta virosa*)	
cowshed	beudy, beudai (eg)
c. drain/gutter	bislath (eb)
c. standing	llaesodren (eb)
coypu	coipw (eg)
cracked heels	sodlau agennog (ell)
cracked hoof - see	
'sandcrack'	
cradle	
1 scythe	1 cawell pladur (eb)
2 neck (horse)	2 cawell gwddf (ceffyl) (eb)
cramming (force feeding of	treisfwydo (be)
poultry)	
cramp	
1 brace	cramp (eg)
2 muscular	clymau gwythi (ell)
cranial	creuanol (ans)
cranium	creuan, -au (eb)
	penglog, -au (eb)
craving	archwant (eg)
creamery	hufenfa, hufenfeydd (eb)

creep feeding	didolborthi (be)
c. feeding of suckling pigs	didolborthi moch bach (be)
c. feeding of lambs	didolborthi ŵyn bach (be)
creosote	creosot (eg)
crepitation	rhugliad, -au (eg)
crest	crib, -au (eb)
1 of horse	1 gwar ceffyl (eg)
2 of land	2 talgrib (eb)
crested dogstail (*Cynosurus cristatus*)	rhonwellt y ci (ell)
cretin	cretin (eg)
cretinism	cretinedd (eb)
crib biting	gwydgnoi (be)
crimp (wool)	gwrymedd (gwlân) (eg)
crisis	argyfwng (cyffredinol) (eg)
critling (crit, cadme)	cardydwyn (eg)
	corbedwyn (eg)
	tin-y-nyth (eg)
crop (bird)	
1 bird	1 crombil, -iau (egb)
2 produce	2 cnwd, cnydau (eg)
(see also catch c., cover c., fodder c.)	
crop bound	crombildyn (ans)
crop husbandry	hwsmonaeth cnydau (eb)

crop rotation	cylchdro cnydau, cylchdroeon cnydau (eg)

cross
  to cross
  top-crossing
	croesiad, croesiadau (eg)
	croesi (be)
	brig-groesi (be)

cross pollination	croesbeilliad (eg)
cross-fertilisation	croesffrwythloni (be)
cross-infection	croes-heintiad, -au (eg)
cross-linking	croesgysylltu (be)
cross-linkage	croesgyswllt (eg)
cross-section	trawstoriad (eg)
cross-striated	croesresog (ans)
crossbred	croesfrid (eg) trawslinach (eb)
crossbreeding	croesfridio (be)
crossover	trawsgroesiad (eg)
crotch - see 'crutch'	
crouching	cyrcydu (be)

croup
  1 disease
	1 crygwst (eg)
	  y big (eb)
	  crŵp (eg)

2 equine anatomy	2 pedrain, pedreiniau (eb)
crow, to (cockerel)	canu (be)

crown	corun, corunau (eg)
crude fibre	ffibr amrwd (eg)
crude oil	olew crai (eg)
crupper (crouper)	crwper, -au (eg)
crush, to - see 'overlie'	
crushed oats	ceirch cywasg (ell)
crutch (anatomy)	fforchogaeth (eb)
	gafl, -au (eb)
cryo -	cryo -
cryoscopy	cryosgopi (eg)
cryogenics	cryogeneg (be)
cryophil	cryoffil (eg)
cryophilic	cryoffilig (ans)
cryosurgery	llawdriniaeth rewol (eb)
cryptorchidism	cuddgeilledd (eg)
	cuddgaill (eg)
cryptosporidiosis	cryptosboridiosis (eg)
cub	cenau, cenawon (eg)
cubicle	cufygl, -au (eg/b)
cud	cil (eg)
to chew the c.	cnoi cil (be)
cudspill - see 'quidding'	

cuff	rhwymyn, -nau (eg)
cull, to (culling)	cwlino (be)
cultivar	amrywogaeth ddetholedig (eb)
cultivate, to (land)	trin (be) diwyllio (be)
cultivation marginal c.	triniad (eg) t. ymylol (eg)
culture (bacteriology)	meithriniad (eg) (bacterioleg)
culture cells	celloedd meithrin (ell)
culture medium	cyfrwng meithrin (eg) meithrinydd (eg)

curb
  1 anatomy
  2 harness
	1 cilcyn y gar (eg)
	2 cwrb ar ffrwyn (eg)
	   genddal (eg)

curd	ceulfra(e)n/colfran (eg)

cure, to
  1 of disease
  2 of meat etc
  3 of leather
	1 gwella (be)
	2 halltu (cig, llysiau, etc) (be)
	3 cyweirio (be)

curette	llwy lawfeddygol (eb)
currier - see 'fellmonger'	
curry-comb (grooming scraper)	(y)sgrafell, -i (eb)
curvature	crymedd (eg)

74

cut	cwt, cytau (eg)
	archoll, -ion (eg)
to cut	torri (be)
to cut (amputate)	amdrychu (be)
cutaneous	croenol (ans)
cuticle	cwtigl, cwtiglau (eg)
cutlet (meat, fish)	torrell, torelli (eb)
cutter - see 'pigs'	
cutting (equine) - see 'speedy cut'	
cyanosis	dulasedd (eg)
	cyanosis (eg)
cyanosed	dulas (ans)
cycle	cylchred, cylchredau (eb)
breeding cycle	cylchred fridio (eb)
food cycle	cylchred fwydydd (eb)
nitrogen cycle	cylchred nitrogen (eb)
cyclic (chemistry)	cylchol (ans)
cylinder	silindr, silindrau (eg)
cyst	coden, -nau (eb)
cysteine	cystein(-SH) (eg)
cystic	cystig (ans)
	codennog (ans)
of bladder	pledrennol (ans)

cystic calculus	
large c.c.	carreg pledren (eb)
small c.c.	caregen pledren, caregos pledren (eb)
cystic degeneration	dirywiad codennog (eg)
cysticercus	coden lyngyrol (eb)
cystine	cystin (eg)
cystitis	llid y bledren (eg)
	pledrenwst (eg)
cystocele	cystocêl (eg)
cystoscope	pledren-syllydd (eg)
cystostomy	cystostomi (eg)
cystotomy	cystotomi (eg)
	agor y bledren (be)
cytochrome	cytochrom (eg)
	seitochrom (eg)
cytology	cytoleg (eb)
	celloleg (eb)
cytoplasm	cytoplasm (eg)
	seitoplasm (eg)
cytotoxic	cytotocsig (ans)
	cellwenwynig (ans)
Dag	cagl, -au (eg)
to remove dags	di-gaglu (be)
dairy - see also 'creamery'	llaethdy, llaethdai (eg)

dairy cow	buwch odro, buchod godro (eb)
dairy equipment	cyfarpar godro/llaeth (eg)
dairy factory	llaethfa (eb)
dairy farm	fferm laeth/odro (eb)
dairy herd	buches odro, buchesi godro (eb)
dairy husbandry	hwsmonaeth llaeth (eg)
dairy products	cynnyrch llaeth (eg)
dairy science	llaetheg (eb)
dairying	cynhyrchu llaeth
dairy(ing) industry	diwydiant llaeth (eg)
dairymaid	llaethferch, -ed (eb)
dairyman	llaethwr (eg)

dam
  1 female
  2 water barrier

    to dam (a stream etc)

1 mam, -au (eb)
2 argae ddŵr (eb)
  cored, -au (eb)
codi argae ar draws....
coredu (be)

damages (i.e. payments)	iawndal (eg)
dampness	lleithder (eg)
dangerous drug(s)	cyffur(iau) peryglus (eg)

dapple grey (horse) - see
  'horse colours'

dart (syringe)	mewnsaethyn (eg)
data	data (ell)
day old chick	cyw undydd (eg)
dead in shell	plisgdranc (eg) marw yn yr wy/y plisgyn
deadly nightshade (*Atropa belladona*)	codwarth (eg)
deafness conductive d.	byddardod (eg) byddardod dargludol (eg)
dealer (cattle etc.)	porthmon, porthmyn (eg)
death cap fungus (*Amanita phalloides*)	cap marwol (eg)
death rate	cyfradd marwolaethau (eg)
death rattle	rhwnc (eg)
debeak, to	pigdorri (be)
debilitated	llesg (ans) gwanllyd (ans)
debility	llesgedd (eg) nychdod (eg)
decalcification	datgalcheiddiad (eg)
decant, to	tywallt/arllwys oddi ar y gwaddod (be)
decapitation	pendrychiad (eg)

decay	
1 biological	1 pydredd (eg)
2 chemical	2 dadfeiliad (eg)
radioactive decay	dadfeiliad ymbelydrol (eg)
deciduous	collddail (ans)
deciduous teeth	dannedd llaeth (ell)
decline (the) - see also 'tuberculosis'	y pla gwyn (eg)
decompose, to	
	pydru (be gyfl)
	madru (be gyfl)
	dadelfennu (be anghyfl)
double decomposition	dadelfeniad dwbl (eg)
decompress	datgywasgu (be)
decongestant	llaciedydd, -ion (eg)
decorticated	dieisin (ans)
decoy	twyllyn (eg)
	llithedn, -od (eg)
d. duck	llith-hwyaden (eb)
deduce, to	diddwytho (be)
'Deduce' (command)	diddwythwch (gorch)
deep freeze	rhewgell, -oedd (eb)
to deep freeze	dwysrewi (be)
deep litter	gwasarn dwfn (dofednod) (eg)
deer (see 'fallow', 'red deer', 'roe deer')	

deer farm	fferm geirw (eb)
	ewigfa, ewigfeydd (eb)
d. park	ewigfaes (eg)
deerskin	hyddgroen, hyddgrwyn (eg)
defaecate, to	ymgarthu (be)
	cachu (be) (cŵn)
	tomi (be)
defaecation	ymgarthiad (eg)
	cachiad (eg)
	tomad (eg)
defect	nam, -au (eg)
defibrinate, to	datffibrineiddio (be)
defibrination	datffibriniad (eg)
deficiency	diffyg, -ion (eg)
	diffygiant, diffygiannau (eg)
d. disease	clefyd diffygiant (eg)
nutritional d.	diffygiant maethol (eg)
deficiency payment - see 'payment'	
deflation, lung	datchwythiad yr ysgyfaint (eg)
defoliate, to	diddeilio (be)
deformed	camffurfiedig (ans)
deformity	camffurfiad, -au (eg)
degeneration	dirywiad, -au (eg)
	dirywiant (= y cyflwr o ddirywio) (eg)

degenerative	dirywiol (ans)
deglutition	llyncu (be)
degradable protein - see 'protein'	
dehorn, to (cattle)	digornio (llo bach) (be) torgornio (buwch) (be)
dehydrate, to	dadhydradu (be)
dehydrated	dadhydradedig (ans)
dehydration	dadhydradiad (eg) dihydradiad (eg)
deliquescence	gwlybyredd (eg)
deliquescent	gwlybyrol (ans)
delirium	penddrysedd (eg) deliriwm (eg)
delirious to become d.	dryslyd (ans) ffwndrus (ans) drysu (be) ffwndro (be)
delivery (birth) - see 'parturition'	
deltoid ridge	crib ddeltoid (eb)
dementia	gorddryswch (eg)
demulcent	cyffur lliniaru (eg) gwrthenynyn (eg) gwrthenynnol (ans)

denature, to	dadnatureiddio (be)
denervate, to	dadnerfogi (be)
denitrification	dadnitreiddiad (eg)
denitrify, to	dadnitreiddio (be)
denitrifying bacteria	bacteria dadnitreiddio (ell)
density	dwysedd, dwyseddau (eg)
dental	deintyddol (ans)
d. pad	gorchfan cnoi (eg)
dental formula	patrwm dannedd (eg)
dentine	dentin (eg)
dentition	daneddiad (eg)
deodorize, to	diarogli (be)
depigmentation	dadbigmentiad (eg)
depilate, to	dibiladu (be)
	diflewio (be)
deplete, to	darwagio (be)
depressed	isel/isel ei gwedd (ans)
derivative (chemistry)	deilliad, deilliadau (eg)
dermatitis	dermatitis (eg)
	croenlid/llid y croen (eg)
dermatophilosis	dermatoffilosis (eg)

dermoid	dermoid (ans)
dermoid cyst	coden ddermoid (eb)
desensitisation	datsensiteiddiad (eg)
desensitise, to	datsensiteiddio (be)
designated	dynodedig (ans)
desnood, to (turkey)	datgrogribo (twrci) (be)
desquamate, to	digennu (be)
desquamation	digeniad (eg)
dessicate, to	sychiadu (be)
detect, to	canfod (be)
detector	canfodydd, canfodyddion (eg)
detergent	glanedydd, glanedyddion (eg)
	detergydd, detergyddion (eg)
determination	mesuriad, mesuriadau (eg)
	canlyniad, canlyniadau (eg)
detoxicate, to	dadwenwyno (be)
detoxication	dadwenwyniad (eg)
detritus	detritws (eg)
	malurion (ell)
develop, to	datblygu (be)
dew-claw	corewin, corewinedd (eg)
dewlap	tagell, -i (eb)

dextrose (glucose)	decstros (eg)
diabetes (mellitus)	clefyd siwgr/melys (eg) diabetes (eg)
diabetes insipidus	*diabetes insipidus* (eg)
diabetes mellitus	clwyf/clefyd siwgr/melys (eg) *diabetes mellitus*
diabetic	diabetig (ans)
diagnose, to	penderebu (be)
diagnosis tentative d.	diagnosis, diagnosau (eg) d. rhagarweiniol (eg)
diagnosis of a notifiable disease	diagnosis/pendereb o glefyd hysbysadwy (eg
diagnostic	diagnostig (ans)
dialysis	dialysis (eg)
diameter	diamedr (eg) trawsfesur (eg)
diaphoretic	chwysbeiryn (eg)

diaphragm
  1 anatomy
  2 membrane
	1 llengig (eg)
	2 pilen, -ni (eb)

diaphragmatic d. hernia - see 'hernia'	llengigol (ans)

diarrhoea	rhyddni (eg)
	dolur rhydd (eg)
	(y)sgoth (eg)
	y bib (eb)
to have d.	pibo (be)
diarrhoeal	rhydd (ans)
diastole	diastole (eg)
	cyfnod saib y galon (eg)
diathermy	diathermi (eg)
dibble/dibbler	pren plannu (eg)
die, to	
1 all species	1 marw (be)
2 animals	2 trigo (be)
diet	ymborth (eg)
	lluniaeth (eg)
dietary	ymborthol (ans)
	lluniaethol (ans)
dietetics	dieteteg (eb)
dieting (animal)	rheolaeth porthiant (eg)
differential grazing	pori dewisol (eg)
diffuse, to	tryledu (be)
	tryledol (ans)
diffused light	golau tryledol/chwâl (eg)
diffusion	trylediad, trylediadau (eg)
digest, to	treulio (be)

digestible	treuliadwy (ans)
digestibility	treuliadedd (eg)
digestion	treuliad (eg)
digestive	treuliadol (ans)
d. enzyme(s)	ensym(au) treulio (eg)
digestive juices/enzymes	suddion/ensymau treulio (ell)
digestive system	system dreulio, systemau treulio (eb)
	cyfundrefn dreulio, cyfundrefnau treulio (eb
d.tract	llwybr treulio (eg)
digit	digid, -au (eg)
digital	byseddol (ans)
	digidol (ans)
d. cushion	clustogyn carnol (eg)
dilate, to	lledu (be anghyfl.)
	ymledu (be gyfl.)
dilation	llediad (eg)
	ymlediad (eg)
dilator	lledydd (eg)
dilute, to	gwanedu (be)
diluted	gwanedig (ans)
dilution	gwanediad, gwanediadau (eg)
dip (sheep)	trochdrwyth, -i (defaid) (eg)
to dip sheep	trochi (be)
	trochdrwytho (be)

diphtheria (calf)	diffftheria (llo) (eg)
diploid	diploid (ans)
dipping	trochi (be)
d. bath	cafn trochi (eg)
disarticulate, to	digymalu (be)
disbud/debud, to	
plants	di-egino (be)
animals - see 'dehorn'	
disc	disg, -iau (eg)
	disgen, -ni (eb)
intervertebral d.	disg rhyngfertebrol (eg)
optic d.	y ddisgen optig (eb)
discharge	
1 medical	1 diferlif, -au (eg)
to discharge	diferlifo (be)
2 electrical	2 dadwefriad, dadwefriadau (eg)
to discharge	dadwefru (be)
discontinuous (variation)	(amrywiad) amharhaol (ans)
disease	clefyd/clwy (eg)
acute d.	c. llym (eg)
chronic d.	c. hirfaith (eg)
sub-acute d.	c. is-lym (eg)
disinfect, to	diheintio (be)
disinfectant	diheintydd, -ion (eg)
disinfected	diheintiedig (ans)
disinfection	diheintiad (eg)

disinfest, to	diheigiannu (be)
disinfestation	diheigiant (eg)
disintegrate, to	ymchwalu (be gyfl)
	chwilfriwio (be anghyfl)
dislocate, to	datgymalu (be)
dislocation	datgymaliad (eg)
dispensary	fferyllfa (eb)
disperse, to	gwasgaru (be)
seed dispersion	gwasgariad hadau (eg)
displace, to	dadleoli (be)
displaced abomasum	dadleoliad yr abomaswm (eg)
displacement	dadleoliad (eg)
dissect, to	dyrannu (be)
dissection	dyraniad, -au (eg)
disseminated	gwasgaredig (ans)
dissociation	daduniad (eg)
dissolve, to	toddi (be anghyfl)
	ymdoddi (be gyfl)
distal	distal (ans)
	pen pellaf
distal tubule (kidney)	pen pella'r tiwbyn arennol (eg)
distemper	clefyd y cŵn/clwy'r cŵn (eg)

distended	chwyddedig (ans)
distension	chwyddiad (eg)
distil, to	distyllu (be)
distilled water	dŵr distyll (eg)
distomiasus - see 'liver fluke'	
distribute, to	dosrannu (be)
diuresis	troethlif (eg)
diuretic	troethbeiryn (eg) troethbeiriol (ans)
diurnal	dyddiol (ans)
diverge, to	dargyfeirio (be)
diverging	dargyfeiriol (ans)
diversification	arall/amrywgyfeiriad, -au (eg)
diversify, to	arall/amrywgyfeirio (be)
diverticulum	cilfach, -au (eb)
dock (horse) to dock	cloren, -nau (eb) torri'r gynffon (be) docio/tocio (be)
dock (leaves) (*Rumex obtusifolius*)	dail tafol (ell)
docked d. tail	wedi'i d/thocio (ans) cynffon wedi'i thocio (eb)

doe	
1 rabbit	1 cwningen fenyw (eb)
2 roe deer doe	2 iyrchell, -au (eb)
3 fallow deer doe	3 hyddes/ewig lwyd (eb)
dog's mercury (*Mercurialis perennis*)	bresych y cŵn (ell)

dogstail grass,
  crested - see
  'crested...'
	rhonwellt y ci (eg)

domesticated animals	anifeiliaid dof(edig) (ell)
domestication	dofededd (eg)
dominance incomplete d.	trechedd (eg) trechedd anghyflawn (eg)
dominant	trechol (ans)
dominant factor	ffactor drech (eb)
dominant to ...	yn drech na ...
donkey - see 'ass'	
donor (eg of blood) d. mother	rhoddwr (gwaed) (eg) rhoddfam, -au (eb)
doping	cyffureddu (be) amhureddu (be)
dormancy winter d.	cysgiad (eg) gaeafgwsg (eg)
dormant	ynghwsg (ans)

dormouse (*Muscardinus avellanarius*)	bathor, -ion (eg) pathew, -od (eg)
dorsal	cefnol (ans) dorsol (ans)
dorsal spine	pigyn cefnol/dorsol, pigynnau cefnol/dorsol (eg)
dorsum	cefn (eg) dorswm (eg)
dose to dose	dogn, -au (eg) dos, -ys (eb) dosio (be)
douche to d.	enffrydiad (eb) enffrydu (be)

down
  1 feathers
  2 land feature
	1 manblu (ell)
	2 downdir, -oedd (eg)

downer cow syndrome	clefyd gorwedd (eg)
doze, to	hepian (be)
draft (draught) ewes	mamogiaid drafft/didol (ell)
drain to drain	ffos, -ydd (eb) sychu tir (be) draenio (be)
drake	barlad, -iaid (eg) marlat, -od (eg)

draught	
1 of plough	1 tyn yr aradr (eg)
2 of wind	2 gwynt cilddor (eg)
3 drink	3 llymaid (eg)
draught horse/team - see 'horse'	
drawbar (tractor)	bar cysylltu (eg)
drench	drens(h) (eg) d/tracht (eb/g)
to drench	drensio (be)
drenching horn	corn drensio (eg)
dress, to	
1 a wound	1 rhwymo/trin clwyf (be)
2 a bird, for table	2 paratoi cyw iâr etc (be)
	gwaellu cyw iar (be)
dressage	*dressage*
dressed carcase	carcas wedi'i drin (eg)
dressing	rhwymyn, -nau (eg)
	gorchudd, -ion (eg)
dribble	diferion (ell)
to dribble	diferu (be)
	colli dwr (be)
drill (seeds)	dril, -iau (eb)
drip	diferiad (eg)
to drip	diferu (be)
drivel, drool, to	glafoeri (be)
drivel	glafoerion (ell)

driving belt	belt yrru (eb)
drone	gwenynen ormes (eb)
drop	diferyn, diferion (eg)
drop, to (birth of animal)	esgor ar epil (be)
droplet	dafn, -au (eg)
	defnyn, -nau (eg)
d. infection	heintiad defnynnau (eg)
dropped sole (equine)	gostyngiad gwadn (eg)
dropper	diferydd, -ion (eg)
droppings	domednod (ell)
	baw (eg)
	tail ieir (eg)
	tail ffowls (ell)
drops of blood	dafnau gwaed (ell)
dropsy	dyfrwst (eb)
	dropsi (eg)
drought	sychder (eg)
partial d.	byrsychder (eg)
drowsiness	cysgadrwydd (eg)
	syrthni (eg)
drowsy	cysglyd (ans)
drug	cyffur, -iau (eg)
d. resistance	ymwrthedd cyffuriau (eg)
druggist	cyffurydd, -ion (eg)

dry cow	buwch hesb (eb)
to dry off (a cow)	sychu (buwch) (be)
	hesbio (be)
dry matter	cynnwys sych (eg)
dual purpose (milk and beef)	deuddiben e.e. gwartheg deuddiben (ans)
duck	hwyaden, hwyaid (eb)
eiderduck	hwyaden fwythblu (eb)
duct	dwythell, -au (eb)
bile duct	dwythell y bustl (eb)
ductless gland	chwarren ddiddwythell, chwarennau diddwythell (eb)
dull coat	blew/croen diraen (eg)
dumping	arlwytho (be)
dung	tail (eg)
	tom (eb)
	carthion (ell)
d. channel - see 'cow-shed drain'	
d. fork	teilfforch (eb)
d. heap - see 'midden'	
duodenum	dwodenwm (eg)
	blaenberfeddyn (eg)
duodenal	dwodenol (ans)
duplicate (copy)	dyblygeb (copi) (eg)
dura mater	*dura mater*

duration (of heart beat)	(amser) parhad (curiad y galon) (eg)
Dutch Elm disease	clefyd y llwyfen (eg)
duty	toll, -au (eb)
dwarf	corrach, corachod (eg)
dwarfism	corachedd (eg)
dye	lliwur, lliwurau (eg)
dynamite	dynamit (eg) powdwr du (eg)
dynamo	dynamo (eg)
dysentery	ysgoth waedlyd (eb) dysenteri (eg)
dysfunction	camweithrediad, -au (eg)
dyspepsia	diffyg traul (eg)
dysphagia	namlwnc (eg) dysffagia (eg)
dysplasia hip d. (dog)	namdwf (eg) dysplasia (eg) namdwf y glun (eg)
dyspnoea	byrwyntedd (eg)
dyspnoeic	byrwyntol (ans)
dystocia	camesgoriad (eg)

dystrophy	nychdod (eg)
	camdyfiant (eg)
muscular d.	nychdod cyhyrol (eg)
	camdyfiant cyhyrol (eg)
dysuria	troethgur (eg)
Ear	
1 animal	1 clust, -iau (eb/g)
2 corn	2 tywysen, -nau (eb)
in full ear	yn ei lawn hod
earache	pigyn yn y glust (eg)
	dolur clust (eg)
	poen clust (eg)
eardrum	tympan y glust (eg)
earmark (sheep)	clustnod, -au (defaid) (eg)
	nod clust (eg)
to earmark	clustnodi (be)
earth (soil)	pridd, priddoedd (eg)
to earth	priddo (be)
earthworm	abwydyn, -od (eg)
	pryf genwair, pryfed genwair (eg)
early maturity	aeddfedu cynnar (be)
eating eagerly	bwyta'n awchus (be)
ecbolic	ecbolyn (eg)
ecchymosis	*ecchymosis* (eg)
	gwaedach (ell)

ecdysis	ecdysis (eg)
	bwrw croen (be)
eclampsia	eclampsia (eg)
ecological	ecolegol (ans)
ecology	ecoleg (eb)
economist	economegydd (eg)
ecosystem	ecosystem, -au (eg)
ectoderm	ectoderm (eg)
ectoparasite	ectoparasit, ectoparasitiaid (eg)
ectopic	ectopig (ans)
ectropion	alldro'r amrant (eg)
eczema	croenlid (eg)
moist e.	c. llaith (eg)
edible - see also	bwytadwy (ans)
'palatable'	
eel worm	llyngyren tatws (eb)
effect	effaith, effeithiau (eb/g)
side effect	sgîl-effaith (eb)
after effect	ôl-effaith (eb)
efferent	echddygol (ans)
	efferol (ans)
effervesce, to	eferwi (be)
effervescence	eferwad (eg)

efficiency	effeithlonedd (eg)
effluent	elifyn, elifion (eg)
	elifiant, elifiannau (eg)
effusion	allrediad (eg)
egg	wy, wyau (eg)
addled e.	wy clwc (eg)
	cloncwy (eg)
	wy mysorig (eg)
soft e.	meddalwy (eg)
egg, nest - see 'nest'	
egg-bound	wy-rwym (ans)
ejaculation	sbyrtiad (eg)
	tafliad (eg)
elastic	hydwyth (ans)
	elastig (ans)
elasticity	hydwythedd (eg)
	elastigedd (eg)
elbow	penelin (eg)
e. gall - see 'capped elbow'	
electric fence	ffens drydan, ffensys/ffensiau trydan (eb)
electro-cardiography	electrocardiograffeg (eb)
electrocution	trydanladdiad (eg)
electuary	trioglyn (eg)

element	elfen, elfennau (eb)
trace element	elfen hybrin (eb)
elephantiasis	eleffantiasis (eg)
elevator	codwr (eg)
elimination	gwaredu (o'r corff) (be)
	bwrw allan (be)
elixir	meddyglyn (eg)
elongate, to	hwyhau (be)
	ymestyn (be)
elongation	hwyhad, hwyhadau (eg)
	ymestyniad, ymestyniadau (eg)
emaciated	curiedig (ans)
	dihoenllyd (ans)
emaciation	curiad (eg)
	dihoeniad (eg)
emasculate, to	
1 botany	1 emasculadu (be)
2 animals	2 ysbaddu (be)
	cyweirio (be)
emasculator	
1 instrument	1 emasculadur (eg)
	cyweirydd (eg)
2 operator	2 cyweiriwr (eg)
	ysbaddwr (eg)
see also 'castrate'	
embolic	embolig (ans)
embolism	emboledd (eg)

embolus	embolws (eg)
embrocation	embrochydd, -ion (eg)
embryo	embryo (eg)
	rhith/milrhith, -iau (eg)
e. sac	cwdyn embryo (eg)
	rhithgwdyn (eb)
e. transplantation	trawsblannu embryo/rhith
embryonic	embryonig (ans)
embryotomy	embryotomi (eg)
	torri llo/ebol etc.
emesis (vomiting)	cyfogi (be)
	cyfogiad (eg)
	chwydu (be)
	chwydiad (eg)
emetic	cyfoglyn, -nau (eg)
	cyfocbeiryn, -nau (eg)
emission	allyriant, allyriannau (eg)
emit, to	allyrru (be)
emphysema (broken wind)	emffysema (eg)
	toriad anadl/gwynt (eg)
empirical	empeiraidd (ans)
employee	cyflogedig, -ion (eg)
	y sawl a gyflogir (eg)
employer	cyflogwr (eg)
empyema	empyema (eg)

emulsification	emwlseiddiad (eg)
emulsify, to	emwlseiddio (be)
emulsion	emwlsiad (eg)
enamel	enamel (eg)
	owmal (eg)
encephalitis	llid yr ymennydd (eg)
	enceffalitis (eg)
encephalomalacia	ymennydd meddal (eg)
	enceffalomalacia (eg)
encephalomyelitis	enceffalomyelitis (eg)
enclosure	caeadle (eg)
	caeadfa (eb)
encrustment	cramen, -nau (eb)
(milking utensils etc)	
encysted	cystiedig (ans)
	codennog (ans)
endemic	endemig (ans)
endocarditis	endocarditis (eg)
valvular e.	llid mewnbilen y galon (eg)
endocardium	endocardiwm (eg)
	mewnbilen y galon (eb)
endocrine	endocrin (ans)
endogenous	mewndarddol (ans)

endometritis	endometritis (eg)
	llid mewnbilen y groth(eg)
	llid y famog (eg)
endometrium	endometriwm (eg)
	mewnbilen y groth (eg)
endoscope	mewnsylliadur, -on (eg)
endoscopologist	mewnsyllydd, -ion (eg)
endoscopy	mewnsylleg (eg)
endothelium	endotheliwm (eg)
	mewnbilen (eb)
endothermic	endothermig (ans)
end product	cynnyrch terfynol (eg)
end product inhibition	lluddiant gan gynnyrch terfynol (eg)
enema	rhefrdrwyth (eg)
to administer an e.	rhefrdrwytho (be)
energetic	egnïol (ans)
energy	egni (eg)
	ynni (eg)
energy requirements	gofynion egni (ell)
energy value of food	cyfwerth egni bwyd (eg)
ensilage (the process)	silweirio (be)
enteric	perfeddol (ans)
	enterig (ans)

enteritis	enteritis (eg)
	llid y perfedd (eg)
enterostomy	agoriad y perfedd (eg)
	enterostomi (eg)
enterotomy	enterotomi (eg)
enterotoxaemia	tocsemia perfeddol (eg)
enterprise	antur/mentr (eb)
entire (of animal)	cyflawn (march, hwrdd, tarw) (ans)
entomology	entomoleg (eg)
	pryfeteg (eg)
entrails (viscera)	ymysgaroedd (ell)
entropion	mewndro'r amrant (eg)
environment	amgylchedd (eg)
environmental	amgylcheddol (ans)
enzootic	ensöotig (ans)
enzootic bovine leukosis	lewcosis bofinaidd ensöotig (eg)
enzyme(s)	ensym, -au (eg)
eosinophilic	eosinoffilig (ans)
e. granuloma	granwloma eosinoffilig (eg)
epidemic	epidemig, -au (eg)
epidemiology	epidemioleg (eb)

epidermal	uwchgroenol (ans)
	epidermaidd (ans)
epidermis	uwchgroen (eg)
	epidermis (eg)
epididymis	argaill (eb)
	epididymis (eg)
epididymitis	llid yr argaill (eg)
	epididymitis (eg)
epidural	epidwrol (ans)
epigastrium	argylla (eg)
	epigastriwm (eg)
epigeal	epigeol (ans)
	arddaearol (ans)
epiglottis	ardafod (eg)
	epiglotis (eg)
epilepsy	epilepsi (eg)
	y clefyd digwydd (eg)
epileptic	epileptyn (eg)
	epileptig (ans)
epiphora	gorddagredd (eg)
epiphyseal	epiffyseol (ans)
	ardyfiannol (ans)
epiphysis	epiffysis (eg)
episiotomy	llawesdoriad (eg)

epistaxis	ffroenwaediad (eg)
	trwynwaedlif (eg)
epithelialise, to	epitheleiddio (be)
epithelium	epitheliwm (eg)
	celloedd arwyneb (ell)
epizotic	episotig (be)
equilibrium	cydbwysedd (eg)
equine	ceffylaidd (ans)
e. studies	ceffyleg (eg)
(equine) autoimmune	anemia haemolytig hunan-imwn (eg)
haemolytic anaemia	(ceffylau)
(haemolytic disease of	
newborn foal)	
equine infectious anaemia	anemia ceffylaidd heintus (eg)
equipment	offer (ell)
	cyfarpar (eg)
eradicate, to	gwaredu (be)
	difa (be)
erection	codiad (eg)
ergot	
1 *claviceps purpurea*	mallryg (eg)
2 of horse fetlock	cornegwyd (eg)
ergotism	mallrygedd (eg)
erosion	erydiad (eg)
eructation	codi gwynt/torri gwynt (be)
	bytheiriad, -au (eg)

eruption	echdarddiant (eg)
	brigiant (eg)
e. of teeth	torri dannedd (be)
erysipelas	fflamwydden (eb)
	tân iddwf (eg)
	erysipelas (eg)
erythema	cochni (eg)
erythrocyte	corffilyn coch y gwaed, corffilod coch y gwaed (eg)
	erythroseit, -au (eg)/erythrocyt, -au (eg)
erythrocyte sedimentation rate (ESR)	cyfradd gwaelodi'r erythrocytau (eg)
Eustachian tube	tiwb Eustachio (eg)
	piben Eustachio (eb)
euthanasia	ewthanasia (eg)
	'rhoi i gysgu' (be)
evacuation	gwagiad, -au (eg)
evagination/eversion	allweiniad (eg)
	troi o chwith (be)
evaluate	
1 to judge	1 cloriannu (be)
	gwerthuso (be)
2 to calculate	2 enrhifo (be)
evaporate, to (vaporise)	anweddu (be)
evergreen	bytholwyrdd (ans)
	bythwyrdd (ans)
evergreen (tree)	coeden fyth(ol)wyrdd (eb)

everted uterus – see 'uterine prolapse'	
evolution	esblygiad, esblygiadau (eg)
evolutionary	esblygiadol (ans)
evolve, to	esblygu (be)

ewe
  e. lamb
  draft e. – see 'draft'
  shearling e. – see 'sheep names'
	mamog, -iaid/-ion (eb)
	oen benyw/fenyw/fanw, ŵyn beinw (eg)

examination (inspection)	archwiliad, -au (eg)
exanthema	brigiant (eg)
exanthematous	brigiannol (ans)
excess	gormodedd (eg)
exchangeable (soil chemistry)	ffeiriadwy (ans)
excise, to	trychu (be) torri ymaith (be)
excision	trychiad (eg)
excitation	cynhyrfiad, cynyrfiadau (eg)
excited state	cyflwr cynhyrfol, cyflyrau cynhyrfol (eg)
excoriate, to	ysgythru (be)
excoriated	ysgythredig (ans)

107

excoriation	ysgythriad (eg)
excrescence	atyfiad, -au (eg)
excrete, to	ysgarthu (be)
excretion	ysgarthiad, -au (eg)
excretory substances	sylweddau ysgarthol (ell)
exercise (bodily activity)	gweithgarwch corfforol (eg) ymarfer corff (eg)
exfoliate, to (skin)	datgroeni (be)
exfoliative	datgroenol (ans)
exhale, to	allanadlu (be) ffuno (be)
exhausted	gorluddedig (ans)
exhaustion	gorludded (eg)
exhibit (display), to	arddangos (be)
exhibitor	arddangoswr, arddangoswyr (eg)
existence struggle for e.	bodolaeth, bodolaethau (eb) ymdrech i fodoli (eb)
exostosis	echasgwrn (eg)
expected (value)	(gwerth) disgwyliedig (ans)
expectorant	poergarthydd, -ion (eg)
expectorate, to	poergarthu (be)

expel (foetus), to - see
  'abort'

expenses   treuliau (ell)
                              gwariadau (ell)

experiment   arbrawf, arbrofion (eg)

experimental   arbrofol (ans)

experimental error   gwall arbrofol, gwallau arbrofol (eg)

experimental procedure   dull o arbrofi (eg)

expired air/gases   aer/nwyon allanadledig (eg/ll)
  (= exhaled air)

explain, to   egluro (be)
                              esbonio (be)
  explain the action of ...   eglurwch sut mae ...
                              yn gweithredu/gweithio

exploratory laparotomy   bolagoriad archwiliadol (eg)

explore, to   archwilio (be)

export lairage   gwalfa allforio (eb)

expose, to   dinoethi (be)
                              datgelu (be)

exposure   dinoethiad (eg)

express, to (force out)   gwasgu allan (be)

extend, to   estyn (be anghyfl)
                              ymestyn (be gyfl)

extension (corresponding to previous entry)	estyniad (eg) ymestyniad (eg)
extensor e. muscle	estynnol (ans) cyhyr estynnol (eg)
exterior	y tu allan/y tu faes (ans) allanol (ans)
extracellular	allgellog (ans)
extract	echdyniad, -au (eg) trwyth (eg)

extract, to
  1 chemistry
  2 dental
	1 echdynnu (be)
	2 tynnu dant (be)

extraction rate (flour)	cyfradd echdynnol (blawd) (eg)
extravasation (blood)	camddosraniad (gwaed) (eg)
extremities (of the body)	pellrannau (y corff) (ell)
extrude, to	allwthio (be)
extrusion	allwthiad (eg)
exudate	all-lifiant (eg)
exudation	archwys (eb)
exude, to	all-lifo (be)
eye	llygad, llygaid (eg)
eyeball	pelen y llygad (eb)

eyelash	blewyn amrant, blew amrant (eg)
	amranflewyn, amranflew (eg)
eyelid	amrant, amrannau (eg)
	clawr llygad, cloriau llygad (eg)
third e. - see	
'nictitating membrane'	
eyeworm	llyngyren y llygaid (eb)
Face	wyneb, -au (eg)
side of f.	cern, -au (eb)
	bochgern (eb)
- see also 'zygoma'	
dished f. (= d. nose)	trwynbantiog (ans)
	trwyn ceugrwm (eg)
Roman f.	trwyn amgrwn (eg)
to face	wynebu (be)
facial	wynebol (ans)
f. crest	crib y gern (eb)
f. nerve	nerf (yr) wyneb (eb)
	y 7fed nerf greuanol (eb)
f. paralysis	parlys yr wyneb (eg)
factor	ffactor, -au (eb/g)
causative f.	ff. achosol (eb/g)
fixed f.	ff. sefydlog (eb/g)
variable f.	ff. gyfnewidiol (eb/g)
factorial	ffactorol (ans)
facultative (bacteria etc)	amlgynefin (ans)
faecal	tomlyd (ans)
	ymgarthol (ans)

faeces	tom (eg)
	tail (eg)
	baw (eg)
	ymgarthion (ell)
faecolith	carreg-faw (eb)
failure	diffyg, -ion (eg)
	methiant, methiannau (eg)
	palliant (eg)
f. to thrive	anffyniant (eg)
faint	llewyg, -feydd (eg)
to faint	llewygu (be)
fainting	llewygol (ans)
fall (of lambs)	epiliant (eg)
	llydniad (eg)
Fallopian tube	tiwb Fallopius/Fallopio (eg)
	piben Fallopius/Fallopio (eb)
fallow (land)	(tir) braenar (eg)
fallow (deer)	
(*Dama dama*)	
buck	hydd, -od (eg)
doe	hyddes (ewig lwyd) (eb)
fawn	elain, elanedd (eb)
false	ffug (ans)
f. pregnancy	ffugfeichiogrwydd (eg)
false quarter (hoof)	carnddiffyg (eg)
the condition of,	carnddiffygiant (eg)
familial (= inborn)	teuluol (ans)
	etifeddol (ans)

112

famine	newyn, -au (eg)
farcy - see 'glanders'	
fardel bound (impaction)	ardrawiad yr omaswm (eg)
farm	fferm, -ydd (eb)
to farm	ffermio (be)
collective f.	fferm gydweithiol (eb)
farm bailiff	beili-heind/pengwas/hwsmon (eg)
farmhand/labourer	gwas fferm (eg)
farmstead	ffermdy ynghyd â'r adeiladau (eg)
farmyard	clos, -ydd (eg)
	buarth, -au (eg)
farmer's lung	mogfa'r ffermwr (eb)
farming	ffermio (be)
	amaethu (be)
farrier	gof pedoli (eg)
	ffarier (eg)
	marchfeddyg (eg)
farrow, to	mocha (be)
farrowing	hwch ar esgor
farrowing pen/crate	cwt mocha (eg)
fascia	ffasgell, -au (eb)
	ffasgau (ell)
fasciculation	ffasgelledd (eg)
fasciitis	ffasgellwst (eg)
fasciola - see 'liver fluke'	

113

fast	ympryd (eg)
fast, to	ymprydio (be gyfl)
	atal bwyd (be anghyfl)
fast (secure)	tyn (ans)
	sownd (ans)
fat	tew (ans)
1 adiposity	1 bloneg(rwydd) (eg)
2 chemical component	2 braster, -au (eg)
fat cattle etc.	gwartheg/da tewion (ell)
fat depot	ystorfa fraster (eb)
fat soluble vitamins .	fitaminau braster-hydawdd (ell)
fatal	angheuol (ans)
	marwol (ans)
fatality	angau (eg)
	marwolaeth (eb)
f. rate	cyfradd marwolaethau (eg)
fatigue	lludded (eg)
	blinder (eg)
fatigued	lluddedig (ans)
fatten, to	tewhau (be)
	pesgi (be)
fatteners (cattle, pigs)	gwartheg/moch at eu tewhau (ell)
	gwartheg/moch pesgi (ell)

fatty	blonegog (ans)
	brasterog (ans)
f. acids	asidau brasterog (ell)
f. degeneration	dirywiad brasterog (eg)
f. infiltration	ymdreiddiad brasterog (eg)
f. marrow	mêr brasterog (eg)
f. liver	iau brasterog (eg)
f. liver and kidney syndrome (FLKS)	syndrôm brasteredd yr iau/afu a'r arennau (eg)
fauces	porth y llwnc (eg)
fauna	anifeiliaid rhanbarthol (ell)
favus	ffafws (eg)
fowl favus	clefyd y croen (dofednod) (eg)
fawn (deer)	elain, elanedd (ebg)
feasibility	hyalleddedd (eg)
f. study	astudiaeth hyalleddol (eb)
feather	
1 avian	1 pluen, plu (eb) bacas/bacsen, bacsiau (eb)
2 equine	2 siwrl, siyrlau (eg) cudyn y meilwng (eg)
f. pecking	plubigo (be)
febrifuge	twymynleddfydd, -ion (eg)
febrile	twymynol (ans)
fecund	epilgar (ans)
fecundity	epilgaredd (eg)
feeble (e.g. pulse)	gwan (ans) eiddil (ans)

feed, to	porthi (be anghyfl) bwydo (be anghyfl) ymborthi (be gyfl)
feed lot	porthdorf (eb)
feed-back (information) to f-b.	adborth gwybodaeth (eb) adborthi gwybodaeth (be)
feeding habits	arferion bwyta (ell)
feeding stuffs	bwydydd anifeiliaid (ell)
feeding value	gwerth porthiannol (eg)
feel, to	swmpo (be anghyfl)
feline	cathaidd (ans) yn ymwneud â chathod
e.g. feline urological syndrome (FUS)	syndrôm troethol mewn cathod (eg)

fell
   1 skin
   2 topography
	1 croen, crwyn (eg)
	2 ffridd, -oedd (eb)

fell, to (a tree)	cwympo (coeden) (be) cymynu (be)
felling axe	cymynen, -nau (eb)
fellmonger	crwynwr (eg)
fellol/felly (of wheel) to fix a f.	camog (eg) cwrb(yn) olwyn, cyrbau olwyn (eg) cwrbo/cyrbo (be)
female	benyw, -od(eb) benywol (ans)

feminization	benyweiddiad (eg)
femoral	morddwydol (ans)
	ffemwrol (ans)
femur	asgwrn morddwyd/y forddwyd (eg)
	ffemwr (eg)
fence	ffens, ffensys (eg)
to fence	ffensio (be)
feral	fferol (ans)
	rhedwyllt (ans)
ferment, to	eplesu (be)
fermentation	eplesiad, -au (eg)
fern (male)	rhedyn y cadno (eg)
(*Dryopteris filix-mas*)	
ferret	ffured, -au (eb)
to ferret	ffureda/ffureta (be)
fertile	ffrwythlon (ans)
fertility	ffrwythlonedd (eg)
	ffrwythlondeb (eg)
soil fertility	ffrwythlondeb pridd
fertilization	ffrwythloniad (eg)
fertilize, to	
1 reproduction	1 ffrwythloni (be)
2 soil enrichment	2 gwrteithio (be)
fertilizer	gwrtaith, gwrteithiau (eg)
f. spreader	gwasgarwr gwrtaith (eg)

fescue, meadow
  (*Festuca pratensis*)
  red f. (*Festuca rubra*)
  sheep's f. (*Festuca*
  ovina)
  tall f. (*Festuca*
  arundinaceae)
	peiswellt y waun (ell)
	
	peiswellt coch (ell)
	peiswellt y defaid (ell)
	
	peiswellt tal (ell)

fester, to	crawni (be) gori (be)
fetid	drewllyd (ans)
fetlock f. joint	egwyd, -ydd (eb) cymal egwyd (eg)
fetter	llyffethair, llyffetheiriau (eb)
feudal	ffiwdal (ans)

fever
  1 afiechyd
  2 body state
  f. ring (equine hoof)
	1 twymyn, -on (eb)
	2 gwres (= gwres y corff) (eg)
	crychedd twymyn carn ceffyl (eg)

fibre	edefyn, edafedd (eg)
fibre (dietary)	ffibr lluniaethol (eg)
fibril	ffibrolyn, ffibrolion (eg)
fibrillation (twitching)	ffibriliad, -au (eg)
fibrin	ffibrin (eg)
fibrinolysis	ffibrinolysis (eg)
fibroblast	ffibroblast (eg)

fibrocystic	ffibrocystig (ans)
fibrocyte	ffibrocyt, ffibrocytau (eg) ffibroseit, ffibroseitiau (eg)
fibroid	ffibroid, -au (eg) e.e. ffibroid y groth ffibroidaidd (ans)
fibroma	ffibroma, ffibromau (eg)
fibromatous	ffibromaidd (ans)
fibrosarcoma	ffibrosarcoma (eg)
fibrosis	ffibrosis (eg)
fibrositis	ffibrositis (eg)
fibrous f. coat f. dysplasia	ffibrog (ans) cot ffibrog (eb) namdwf ffibrog (eg)
fibula	ffibwla (eg) rhaclun (eg)
field	cae, -au (eg) maes, meysydd (eg)
field of study	maes llafur/ymchwil (eg)
field of vision	maes gweld (eg) cylch gweld (eg)
filament	ffilament (eg) edefyn, -nau (eg)

filamentous	ffilamentog (ans)
	edefynnog (ans)
file	
1 tool	1 rhathell, -i (eb)
to file	rhathellu (be)
2 office	2 ffeil, -iau (eb)
to file	ffeilio (be)
filial	ffiliol (ans)
	epiliol (ans)
filiform	edeuffurf (ans)
filings	rhathion (ell)
	naddion (ell)
filler	llenwydd, llenwyddion (eg)
fillet (of steak)	ffiled, -au (o gig) (eb)
to fillet	ffiledu (be)
filly	eboles, -i (eb)
filter	hidl, -au (eg/b)
filter, to	hidlo (be)
filter funnel	twndis hidlo, twndisau hidlo (eg)
	twmffat/twnffed hidlo, twmffatau/twnffeda
	hidlo (eg)
filter paper	papur hidlo (eg)
filter pump	pwmp sugno/hidlo (eg)
filtrate	hidlif, hidlifau (eg)
filtration (the process)	hidliad (eg)

fimbria	rhidens (ell)
fimbrial	rhidennog (ans)
fin (pisciculture)	asgell, esgyll (eb)
caudal f.	a. gynffonnol (eb)
dorsal f.	a. gefnol (eb)
medial f.	a. ganol (eb)
ventral fin	a. dorrol (eb)
paired fins	esgyll paredig (ell)
fine structure	mân-adeiledd (eb)
firing	serio (be)
f. irons	heyrn serio (ell)
fishmeal	blawd pysgod (eg)
fission	ymholltiad, ymholltiadau (eg)
fissure	
1 patholeg	1 agen, -nau (eb)
2 anatomeg	2 rhigol, -au (eb)
fistula	ffistwla, -u (eg)
	chwidwll, chwidyllau (eg)
	llinor, -od (eg)
fistulous withers (equine)	llid pen yr ysgwydd (eg)
fit (epileptic)	ffit, -iau (epileptig) (eb)
fixation	sefydlogiad (eg)
nitrogen fixation	sefydlogiad nitrogen (eg)
flaccid	llipa (ans)
	llac (ans)

flaccidity	llipäedd (eg)
	llacrwydd (eg)
flagellum	fflagelwm, fflagela (eg)
	fflangell, fflangellau (eb)
flaked maize	creision indrawn (ell)
flammable	fflamadwy (ans)
flank	ystlys, -au (eb)
	tenewyn, -nau (eg)
fold of f.	arffed yr ystlys (eb)
flat foot (equine)	gostyngiad gwadn (eg)
flat footed	â gostyngiad gwadn (ans)
flatulence	bolwynt (eg)
flatulent colic	gwayw gwynt (eg)
	cnofa wynt (eb)
flatus	fflatws (eg)
	torri gwynt (stumog) (be)
flax	llin (eg)
flea	chwannen, chwain (eb)
f. collar	chweindorch (eg)
f. ridden	chweinllyd (ans)
to search for fleas	chweina (be)
flead (omentum)	ffedog, -au (eb)
fleam	fflaim, ffleimiau (eb)
fleece	cnu, -oedd/-au (eg)
	cnuf, -iau (eg)

flexor	plygydd, -ion (eg)
	plygol (ans)
f. tendons	tendonau plygol (ell)
flitch (of bacon)	hanerob, -au (eb)
	ystlys, -au (eb)
floating rib	byrasen (eb)
	byrrais (ell)
flock of sheep	diadell, -au (eb)
	praidd, preiddiau (eg)
of cattle, geese	gyr, gyrroedd (eg)
of birds, etc	haid, heidiau (eb)
floor space,	llorle cymwys (eg)
recommended	llorfa gymwys (eb)
flora	fflora (eg)
bacterial f.	fflora bacterol (eg)
flow	llif, llifoedd/llifogydd (eg)
flower	blodyn, blodau (eg)
flowering plant	planhigyn blodeuol, planhigion
	blodeuol (eg)
fluid	hylif, -au (eg)
amniotic f.	h. amniotig (eg)
chorionic f.	h. ambilennol (eg)
synovial f.	h. synofaidd (eg)
fluid replacement therapy	trallwysiad hylif synthetig (eg)
	triniaeth amnewid hylif (eb)
fluke, liver (the disease)	braenedd yr afu (eg)
	clefyd yr euod (eg)

123

fluke (the parasite)	euodyn, euod (eg)
	yr euod (ell)
	ffasbryfyn, ffasbryfed (eg)
fluoride	fflworid (eg)
fluoroscopy	fflworosgopeg (eb)
fluorosis	fflworosis (eg)
flush	
1 of grass	1 irdyfiant (eg)
2 of skin	2 gwrid (eg)
flushing, of ewes	irfwydo/hybfwydo defaid (be)
flutter	cryndod (eg)
	cyffro (y galon) (eg)
foal	ebol, -ion (eg)
	cyw, -ion (eg)
to foal	caseg yn esgor/llydnu (be)
	dod ag ebol (be)
	ebola (be)
foam	ewyn, ewynnau (eg)
focus (ophthalm.)	llewen, -au (eg)
	ffocws (eg)
to focus	llewenu (be)
	ffocysu (be)
fodder (cattle, horses)	gogor (eg/b)
	ebran (eg)
	cnwd sych (eg)
	porthiant (eg)
to fodder	bwydo (be)
	ebrannu (be)
fodder/forage crop	cnwd porthiant (eg)

foetal	ffetysol (ans)
f. membrane	pilen y ffetws (eb)
	brych (eg)
foetus	ffetws (eg)
fog	
1 thick mist	1 niwl, -oedd (eg)
2 grass (foggage)	2 myngwair (etf)
	ffeg (eg)
	ffasach (eg)
fog fever	clefyd yr adladd (eg)
fold (sheep)	corlan, -nau (eb)
	lloc, -iau (eg)
	ffald, -au (eb)
to fold sheep	corlannu (be)
	llocio (be)
	ffaldio (be)
foliage	deiliant, deiliannau (eg)
follicle	ffoligl, -au (eg)
Graafian f.	f. Graaf (eg)
folliculitis	ffoligwlitis (eg)
follicular	ffoliglaidd (ans)
follower(s)	gwartheg ifainc (ell)
foment	twymolchiad (eg)
to foment	twymolchi (be)
fomites (sing: 'fomes')	heintgludydd, -ion (eg)
fontanelle (skull)	iad (y benglog) (eb/g)

food	bwyd, bwydydd (eg)
food tests	profion bwydydd (ell)
foot (anatomy)	troed, traed (eb/g)
foot abscess	crawniad troed (eg)
foot and mouth disease	clefyd y traed a'r genau/clwy'r traed a'r genau (eg)
foot mange (see 'itchy leg')	
foot rot (sheep)	braenedd y traed (eg)
forage	helfwyd (eg)
	porfwyd (eg)
to forage	helbori (be)
foramen	fforamen (eb)
forceps	gefel fain, gefelau main (eb)
forearm	is-elin (eg)
forebrain	blaenymennydd (eg)
forehead	talcen, -ni (eg)
forelock (horse)	talfwng, talfyngau (eg)
foreign body	corffyn estron (eg)
foremilk	blaenion (ell)
forensic	fforensig (ans)
forequarter	chwarter blaen (eg)

forge (smithy)	gefail/yr efail, gefeiliau (eb)

forging
  1 iron work
  2 movement of horse
	1 gwaith haearn (eg)
	2 trawpedol (eg)

fork (tool) - see also 'dung fork'	fforch, ffyrch (eb)
form	ffurf, ffurfiau (eb)
fossa	pant, -iau (eg)
foster, to	maethu (be)
foul brood	clefyd y gwenyn (eg)
foul-in-the-foot (cattle)	y gibi (eb) cibwst (eb)/y gibwst (eb) llaid (eg) llaith (eg) lamri (eg)
founder, to (in laminitis)	ffowndro (be)
fowl cholera	geri dofednod (eg)
fowl coryza	mwcws dofednod (eg)
fowl diptheria	difftheria dofednod (eg)
fowl gapes	y big (eb) y wèch (eb)

fowl paralysis
  (Marek's disease)
fowl pest
  (Newcastle disease)
	parlys dofednod (eg)
	clefyd Marek (eg)
	pla'r ieir (eg)
	clefyd Newcastle (eg)

fowl plague (avian influenza)	bad yr ieir (eb) pla mawr yr ieir (eg) bad dofednod (eb)
fowl pox	brech dofednod (eb)
fowl typhoid	teiffoid dofednod (eg)
fox	cadno, cadno(a)id (eg) llwynog, -od (eg)
foxglove (*Digitalis purpurea*)	bysedd y cŵn (ell)
foxhound	bytheiad, bytheiaid (eg) ci hela, cŵn hela (eg)

foxtail (spp)
  meadow f.
  (*Alopecurus pratensis*)
  marsh f.
  (*Alopecurus geniculatus*)
	cynffonwellt (ell)
	c. y maes/waun (ell)
	
	c. elinog (ell)
	c. y gors (ell)

fracture
  non-union f.
 	
  malunion f.
	torasgwrn (eg)
	t. di-uniad (eg)
	anasiad (eg)
	t. gwyrgam (eg)

frame(work)	ffrâm, fframiau (eb) fframin (eg) car, ceir (eg)
freak	camffurfyn (eg)
freemartin (cattle)	gefeilles-i-wryw (gwartheg) (eb)

free-range (hen/s)	(iâr) benrhydd, (ieir) penrhydd (eb)
	iâr fuarth, ieir buarth (eb)
f.r. eggs	wyau ieir penrhydd (ell)
	wyau'r maes (ell)
freeze, to	
1 meat, vaccine etc	1 rheweiddio (be)
2 weather etc	2 rhewi (be)
frenulum	ffrewynyn (eg)
frenzy	cynddeiriogrwydd (eg)
frequency (of micturition)	amlder/mynychder (troethi/gollwng
	dŵr/piso) (eg)
fresh cuts (meat)	cig mân (eg)
	mangig (eg)
	briwgig (eg)
friable (e.g of soil)	briwsionllyd (ans)
	brau (ans)
	rhwth (ans)
friction	ffrithiant (eg)
fright, fight or flight	ofn, ymladd, neu ffoi
frigid	oeraidd (ans)
frisky	pranciog (ans)
	rhamp (ans)
frog (horse)	llyffant y carn (eg)
cleft of f.	hollt llyffant y carn (eg)
frond	ffrond, -iau (eb)
	deilen rhedyn, dail rhedyn (eb)

frontal bone	asgwrn talcen (eg)
frontal lobe	llabed flaen yr ymennydd (eb)
frontal sinus	ceudwll talcen (eg)
frontoparietal	blaenbaredol (ans)
frontosphenoidal	blaensffenoidol (ans)
frostbite	ewinrhew (eg) brathrew (eg)
frostnail (frost stud)	hoelen rew, hoelion rhew (eb)
froth(ing)	ewynboer (eg)
fructose	ffrwctos (eg)
fruit	ffrwyth, ffrwythau (eg)
fruit, a single	ffrwythyn, ffrwythynnau (eg)
frustration	rhwystredigaeth (eb)
fuller (shoeing tool)	rhigolydd pedol (eg)
fullered horse shoe	pedol rygnog, pedolau rhygnog (eb)
fullmouthed	daneddiad llawn (eg) llawnddant (ans)
fumigate, to	mygdarthu (be)
function	swyddogaeth, -au (eb)
fundus	ffwndws, ffwndi (eg) gwaelod (eg) godre (eg)

fungal	ffyngaidd (ans)
fungicide	ffyngleiddiad, ffyngleiddiaid (eg)
fungus	ffwng, ffyngau (eg)
fur	
1 in pipes etc.	1 cen, cennau (eg)
2 animals	2 ffwr, ffyrrau (eg)
furrow	rhych, -au (eb)
	cwys, -i (eb)
furuncle	cornwyd, -ydd (eg)
	pendduyn (eg)
furunculosis	cornwydwst (eg)
Gadfly (*Tabanus* sp.)	Robin gyrrwr (eg)
gag (mouth gag)	safnglo (eg)
gait	cerddediad (eg)
	osgo (eg)
galactagogue	blithogydd, -ion (eg)
	llaethbeiryn (eg)
galactose (milk sugar)	galactos (eg)
	siwgr llaeth (eg)
gall - see 'bile'	
gall (swelling)	gwasg-chwydd (eg)
gall (on plants)	ardyfiant planhigol (eg)
oak gall	afal derwen (eg)

gall bladder	coden y bustl (eb)
gallinaceous	dofednaidd (ans)
gallop, to	carlamu (be)
gallop, a	carlamfa (eb)
galloping	ar garlam
gall-stone	carreg fustl (eb)
gambrel (butcher)	cambren (cigydd) (eg)
game	helfil, -od (eg)
g. bird	heledn, -od (eg)
g. cock	ceiliog dandi/ymladd (eg)
g. meat	helgig, -oedd (eg)
game-keeper	ciper, -iaid (eg)
gammon	gamwn, gamynau (eg)
	ysgwydd mochyn wedi'i halltu
gander	ceiliagwydd, -au (eg)
	clacwydd, -au (eg)
ganglion, nerve	ganglion, ganglia (eg)
gangrene	cnawd marw (eg)
gangrenous	cnawdfarwol (ans)
gapes (fowl gapes)	y big (eb)
garden, kitchen	lluarth, lluyrth (eg)
	gardd lysiau (eb)
garget	garged (eg)

gaskin (horse) (second thigh)	isgrimog, -au (eb)
gasp, to	dyheu(o) (be)
gastric	cyllaol (ans)
	gastrig (ans)
g. juice	sudd cyllaol/gastrig (eg)
gastritis	llid y cylla/stumog (eg)
gastrocnemius muscle	croth y goes (eb)
g. tendon	llinyn y gar (eg)
gastroenteritis	llid y coluddion (eg)
gastrointestinal tract	llwybr gastro-berfeddol (eb)
gate	llidiart/d, -au (eb/g)
	g(i)at, -iau (eg)
	clwyd, -i (eb)
gate post	post(yn) g(i)ât/llidiart (eg)
hanging post	bonbost(yn) (eg)
	post dal(a) (eg)
side/falling post	cilbost(yn) (eg)
	post derbyn (eg)
gavage - see 'cramming'	
gear	gêr, -(i)au, gêrs (eb.g)
g. ratio	gêrgymhareb (eb)
geld, to	ysbaddu (be)
	cyweirio (be)
	torri (ar) (be)
gelded bull	atarw, ateirw (eg)

gelding	adfarch, adfeirch (eg)
	march disbaidd (eg)
gene	genyn, -nau (eg)
generation	cenhedlaeth, cenedlaethau (eb)
genetic	genetig (ans)
genetics	geneteg (eb)
animal g.	geneteg anifeiliaid (eb)
genital	cenhedlol (ans)
genitals	genitalia (ell)
	organau cenhedlu/epilio (ell)
genus	genws, genera (eg)
germ	
1 pathology	1 germ, -au (eg)
2 embryo (e.g. wheat)	2 bywyn (eg)
germicide	germleiddiad, -iaid (eg)
germinate, to	egino (be)
germinating seed	hedyn eginol (eg)
germination	eginiad, -au (eg)
gestation (period)	cyfnod beichiogi (eg)
	amod, -au (eg/b)
giblets	tribliwns (gogledd) (ell)
gid (coenurosis, sturdy)	pendro (eb)
	coenwrosis (eg)

134

giddiness	dera (eb)
	penddot (eg)
gill (fish, fungi etc)	tagell, tagellau (eb)
gill-bearing	tagellog (ans)
gilt	banwes, -i (hwch ifanc) (eb)
	hesbinwch, hesbinychod (eb)
gimlet	ebill, -ion (eg)
gingivitis	llid y gorchfan(t) (eg)
gin trap	trap tafol (eg)
girdle, pelvic	gwregys pelfig (eg)
girth	cengl, -au (eb)
g. gall	cenglglwyf (eg)
g. rub	llygredd y gengl (eg)
to girth	cenglu (be)
gizzard	glasog, -au (eb)
gland	chwarren, chwarennau (eb)
endocrine g.	chwarren endocrin (eb)
lymphatic g.	chwarren lymffatig (eb)
mammary g.	chwarren laeth (eb)
	bron, -au (eb)
glanders (horse)	clafri mawr (eg)
cutaneous g. (farcy)	llynmeirch (eg)
	clwy cnapiog (eg)
	y ffarsi (eg)
pulmonary g.	ysgyfaint mud (ell)
glandular	chwarennol (ans)
glans penis	blaen y pidyn (eg)

glaucoma (hydrophthalmos)	glawcoma (eg)
gleanings	lloffion (ell)
gleet	diferlif (eg)
	llysnafedd (eg)
glenoid	panylog (ans)
	glenoid (ans)
glenoid cavity (shoulder)	crau glenoid (eg)
globulin	globwlin (eg)
glomerular filtrate	hidlif glomerwlaidd (eg)
glomerulonephritis	glomerwloneffritis (eg)
glomerulus	glomerwlws, glomerwlysau (eg)
glossectomy	tafod-drychiad (eg)
glossitis	llid y tafod (eg)
glosso-pharyngeal	glosoffaryngeol (ans)
	tafodyddfol (ans)
glottis	glotis (eg)
glucagon	glwcagon (eg)
glucocorticoid	glwcocorticoid, -au (eg)
glucose	glwcos (eg)
glucose tolerance test	prawf goddefiad glwcos (eg)
gl(u/y)cosuria	glwcoswria (eg)

glycerol	glyserol (eg)
glycogen	glycogen (eg)
glycolysis	glycolysis (eg)
glycoside	glycosid, -au (eg)
goad	ierthi, ierthïon (eb)
	irai, ireiau (eg)
to goad/drive	cathrain (be)
goat	gafr, geifr (eb)
billy g.	bwch gafr (eg)
kid g.	myn gafr, mynnau gafr (eg)
	llwdn gafr, llydnod gafr (eg)
male kid g.	mynfwch (eg)
nanny g.	gafr fenyw (eb)
yearling g.	efyrnig (eb)
	gafr flwydd (eb)
wild g., male	gwyddfwch, gwyddfychod (eg)
wild g., female	gwyddafr, gwyddeifr (eb)
goat pox	brech y geifr (eb)
goitre	y wên (eb)
	goitr (eg)
gonad	chwarren rhyw (eb)
	gonad, -au (eg)
gonadal	gonadol (ans)
gonadotrophic	gonadotroffig (ans)
goose	gŵydd, gwyddau (eb)
gore	gwaedlych (eg)

gore, to	cornio (be)
gosling	gŵydd fach, gwyddau bach (eb) cyw gŵydd, cywion gŵydd (eg)
gouge	cŷn llwy (eg)
gout	y gymalwst (eb) y gowt (eg)
Graafian follicle	ffoligl Graaf (eg) ffoligl yr wyfa (eg)
graded	graddedig (ans)
graft to graft	impiad, -au (eg) impio (be)
graft hybrid	croesryw impiedig (eg)

grain
  1 cereal
 	
  2 small particle
	
	1 ŷd, ydau (eg)
	  grawn (eg)
	2 gronyn, gronynnau (eg)

grains (brewers)	soeg (eg)
granary	grawndy, grawndai (eg)
Grant Aid	cymhorthdal, cymorthdaliadau (eg)
granular	gronynnog (ans)
granulation g. tissue	gronyniad (eg) meinwe gronynnog (eg)
granule	gronigyn, gronigion (eg)

granulocyte	granwloseit, -au (eg)
	granwlocyt, -au (eg)
granulocytosis	granwlocytedd (eg)
granuloma	granwloma (eg)
grass	glaswellt/gwelltglas (ell)
	porfa (eb)
grass, a blade of	glaswelltyn (eg)
	porfaddyn (eg)
grass crack (horse hoof)	carnhac, -iau (eg)
grass disease/sickness (equine)	clefyd y borfa (ceffylau) (eg)
grass rings (equine)	crychedd tyfiant carn (ceffyl) (eg)
grass tetany (staggers, hypomagnesaemia)	dera'r borfa (eb)
grassland	tir glas/pori (eg)
gravel	
1 horse's foot	1 llid y carn (eg)
2 urinary tract	2 cerrig y gyfundrefn droethol (ell)
to gravel	graeanu (be)
	grafeil(i)o (be)
	grafaelio (be)
graze, to (scratch)	ysgathru (be)
graze, to (feed on pasture)	pori (be)
controlled grazing	pori rheoledig (eg)
permanent/temporary grazing	pori sefydlog/dros dro (eg)
strip grazing	llainbori (be)
winter grazing	porfa gaeaf (eb)
grazing land	tir pori/gwndwn (eg)

grease	iraid, ireidiau (eg)
	saim, seimiau (eg)
to grease	iro (be)
	seimio (be)
grease/greasy heel (horse disease)	llid yr egwyd (eg)
green bacon - see 'bacon'	
green manuring	cnwd-deilo (be)
Green Pound, the	Y Bunt Werdd (eb)
greenstick fracture	holltasgwrn (eg)
grey matter (brain)	llwydyn yr ymennydd (eg)
greyhound	milgi, milgwn (eg)
female g.	miliast, milieist (eb)
grind, to	llyfanu/llifianu (be)
to grind corn	malu ŷd (be)
grinding, of teeth	rhincian (dannedd) (be)
grindstone	maen llyfanu (eg)
gripe	cnofa, cnofeydd (eb)
	gwayw, gwewyr (eg)
gripes	cnofeydd y coluddion (ell)
griping pain	poen cnofaol (eg)
gristle	gŵyth, gwythi (eg)
grit	graean (etf)

groin	gwerddyr (eb)
	cesail y forddwyd (eb)
groom (hostler)	gwastrawd, gwastrodion (eg)
to groom	taclu (be)
	tacluso (be)
grooming kit	cyfarpar gwastrodi (eg)
grooming scraper	(y)sgrafell, -i (eb)
gross (coarse)	bras (ans)
group suckling - see 'suckling'	
grower	tyfwr, tyfwyr (eg)
growth	
1 process of growing	1 twf (eg)
2 abnormality	2 tyfiant, tyfiannau (eg)
g. hormone	hormon twf (eg)
growth promoter	twfhybydd, -ion (eg)
grub	cynrhonyn, cynrhon (eg)
grub out, to	dadwreiddio (be)
gruel	grual/griwel (eg)
grunt, to	rhochian (be)
gullet - see also 'oesophagus'	llwnc, llynciau (eg)
gulp, to	llowcio (be)
gum (dental)	gorchfan(t), gorchfannau (eg)
	deintgig (eg)

Gumboto disease - see 'bursitis'	
gut	perfedd(yn), perfeddion (eg)
fore g. - see 'small intestine'	
hind g. - see 'large intestine'	
guttural pouches (equine)	codau gyddfol (ell)
Habitat	cynefin, cynefinoedd (eg)
habronemiasis	habronemiasis (eg)
hack	ceffyl marchogaeth/cyfrwy/hur (eg)
to hack	marchogaeth (be)
hackles	
1 cock	1 plu'r gwddf (ell)
2 animal	2 blew'r gwar/gwddf (ell)
hackney (equine)	ceffyl harnais (eg)
haemangioma	haemangioma (eg)
haemarthrosis	haemarthrosis (eg)
haematemesis	chwydwaededd (eg)
	haematemesis (eg)
haematology	haematoleg (eb)
	gwaedoleg (eb)
haematoma	haematoma (eg)
	gwaedgasgliad (eg)
	pothell/chwysigen waed (eb)

haematuria	troethwaed (eg)
	haematwria (eg)
to have h.	troethwaedu (be)
haemoglobin	haemoglobin (eg)
haemoglobinuria - see 'red water'	
haemolysis	haemolysis (eg)
haemolytic	haemolytig (ans)
haemopericardium	haemopericardiwm (eg)
haemoperitoneum	haemoperitonëwm (eg)
haemopoiesis	haemopoiesis (eg)
	gwaedfagedd (eg)
haemorrhage	gwaedlif, -oedd (eg)
	gwaedlyn (eg)
haemorrhagic	gwaedlifol (ans)
e.g. h. syndrome	syndrôm gwaedlifol (eg)
haemothorax	haemothoracs (eg)
	gwaedafell (eb)
hair	blewyn, blew (eg)
	gwallt (ell)
h. ball	pellen/pelen flewog berfeddol (eb)
hair follicle	ffoligl blewyn (eg)
half breed, Welsh	hanner-ach Gymreig (eb)
halitosis	halitosis (eg)
	anadl drewllyd(eg)

143

hallucination	rhithbwyll(edd) (eg)
halter	cebystr, -au (eg) rheffyn, -nau (eg) penffust, -au (eg)
ham	ham, -iau (eb/g) mochglun hallt (eg)
hames	mwnci haearn, mynciod haearn (ceffyl) (e
hammer mill	melin bwyo (eb)
hamstring - see 'Achilles tendon'	
hand (horse height) (four inches)	llaw, dwylo (eb) dyrnfedd, -i (eb)
hand feed, to	llawfwydo (be)

hang, to
  1 die by hanging
  2 suspend meat
	
	1 crogi (be)
	2 hongian (be)

hard mouthed (horse)	(ceffyl) pendrwm (ans)

harden (stiffen), to
  to harden off
  (plants, chicks)
	ymgaledu (be)
	caledu (be)

hardpad (see distemper)	
hare	ysgyfarnog, -od (eb) ceinach, -od (eb)
harelip	minfwlch, minfylchau (eg) bylchfin (eg)

harmless	diberygl (ans)
	diniwed (ans)
harness	harnais, harneisiau (eg)
	offer ceffyl (ell)
harrier	ceinachgi, ceinachgwn (eg)
harrow	oged, -i (eb)
chain h.	oged siaen (eb)
to harrow	llyfnu (be)
harvest mite (chiggers)	gwiddon Medi (ell)
haslet	hasled (eg)
hatch, to	deor(i) (be)
hatch brood	dehoraid (eg)
hatchery	deorfa, deorfeydd (eb)
haulm (potato)	gwrysgen, gwrysg (eb)
haunch	morddwyd, -ydd (eb)
on his/her haunches (dog)	ar ei arrau/ar ei garrau
Haversian canal/space	sianel Havers, sianelau Havers (eb)
haw (third eyelid)	pilen nictatol (eb)
haw (hawthorn fruit)	criafolen y moch, criafol y moch (eb)
hawk	hebog, -iaid (eg)
	gwalch, gweilch (eg)
sparrow h.	cudyll/curyll glas (eg)
kestrel h.	cudyll/curyll coch (eg)

hawk-moth	gwalch-wyfyn, gweilch-wyfynnod (eg)
	(am restr gyflawn gw. 'Y Naturiaethwr' (1984
	11, 14-15)
hay	gwair, gweiriau (eg)
h. infusion	trwyth gwair (eg)
	breci (eg)
meadow h.	gwair gwaun/gweirglodd (eg)
moorland h.	gwair rhos (eg)
haycock, small	mwdwl, mydylau (gwair) (eg)
large	hulog, -ydd (gwair) (eg)
haylage	gwywair (eg)
hayloft	taflod, -ydd (eb)
hayrack	rhesel/rhastl gwair (eg)
hayrick	rhic wair (eb)
hayshed	tŷ gwair (eg)
haystack	tas wair, teisi gwair (eb)
haymaking	cynaeafu gwair
head, to come to a	casglu i dorri (be)
(abscess)	
head tilt	penogwydd (eg)
headage (payment)	pendaliad, -au (eg)
headcollar	penwast (eg)
	penffrwyn (eb)
headland	talar, -au (eg/b)

headstrong	gwarwyllt (ans) anystywallt (ans) anhywedd (ans)
heal, to	gwella (be) iacháu (be)
health	iechyd (eg)
hear, to	clywed (be)
hearing	clyw (eg)
heart	calon, -nau (eb)
heart, to (as in cabbage)	cnapio (be)
heart beat	curiad y galon (eg)
heart block	atal-ddargludiad y galon (eg) blocâd y galon (eg)
heart contractions	cyfangiadau'r galon (ell)
heart failure	methiant y galon (eg)
heart rot (of tree, also disease of beet)	rhuddinbydredd (eg)
heart sounds	synau'r galon (ell)
heart stimulant	calon-symbylydd (eg)

heat
  to heat
 	
  on heat - see 'oestrus'
	gwres (eg)
	gwresogi (be)
	cynhesu (be)

heat stroke	trawiad gwres (eg)

heath
  heath grass
  (*Danthonia decumbens*)
	rhos/rhostir (eg)
	glaswellt y rhos (eg)

heaves - see 'emphysema'	
heavy hog	mochyn gorfras (eg)
heavy horse - see 'cart horse'	
hectare	hectâr, hectarau (eg)
hedge cutter	perth/gwrychdorrwr (eg)
hedge laying - see 'lay, pleach'	
heel	sawdl, sodlau (eg)
heel-in, to	plannu tros dro (be)
hefted sheep - see 'acclimatised sheep'	
heifer	anner, aneirod (eb) treisiad, treisiedi (eb) heffer, heffrod (eb)

height
  1 building
  2 animal
  h. certificate
	1 uchder (eg)
	2 taldra (eg)
	tystysgrif taldra (eb)

helminth	helminth, -od (eg) llyngyryn, llyngyr (eg)
helminthic/helminthoid	llyngyrol (ans)

helmintic	cyffur gwrth-lyngyr (eg)
	gwrthlyngyrydd (eg)
hemiplegia	parlys ochrol (eg)
	hemiplegia (eg)
hemlock	cegiden, cegid (eb)
(*Conium maculatum*)	
hemlock water-dropwort	cegid(en) y dŵr (eb)
(*Oenanthe crocata*)	
hen	iâr, ieir (eb)
laying h.	iâr ddodwy (eb)
Henle's loop	dolen Henle (eb)
hepatic	afuol/ieuol (ans)
	hepatig (ans)
hepatic portal vein	gwythïen borthol hepatig/yr afu (eb)
hepatitis	llid yr afu/iau (eg)
	hepatitis (eg)
herb	llysieuyn, llysiau (eg)
herbage	mandyfiant llysieuol (eg)
herbaceous	llysieuol (ans)
herbal (book)	llysieulyfr (eg)
herbal (pertaining to	llysieuol (ans)
herbs)	
herbicide	llysleiddiad (eg)
contact h.	ll. cyffyrddiol (eg)

149

herbivore	llysysydd, -ion (eg)
herd	
cattle	buches, -au (eb)
deer	hyddgant/hyddgre (egb)
goats	geifre, -oedd (eb)
	gyr, gyrroedd (eg)
horses	gre, -oedd (eb)
pigs	cenfaint, cenfeintiau (eb)
Herd Book - see also 'stud'	Achres, -i (eb)
herdsman	heusor (eg)
of pigs	meichiad (eg)
of cattle/sheep	bugail (eg)
of horses	grëwr (eg)
hereditary	etifeddol (ans)
hereditary character- istic(s)	nodwedd(ion) etifeddol (ell)
hereditary defect	nam etifeddol (eg)
heredity	etifeddeg (eb)
hermaphrodite	deurywyn (eg)
	mihifir-mihafar (eg) (ŵyn, geifr)
hermaphroditic	deurywiol (ans)
hernia	torgest (eb)
	torllengig (eg)
	bors (eg/b)
diaphragmatic h.	t. lengigol (eb)
femoral h.	t. forddwydol (eb)
incarcerated h.	t. gaeth (eb)
incisional h.	t. archollol (eb)
inguinal h.	t. geseiliol/werddyrol (eb)
irreducible h.	t. sefydlog (eb)

150

omental h.	t. y ffedog (eb)
recurrent h.	t. ddychweliadol (eb)
reducible h.	t. ad-ddygol (eb)
scrotal h.	t. geillgydol (eb)
strangulated h.	t. dagedig (eb)
umbilical h.	t. fogeiliog (eb)
heterogenous	heterogenaidd (ans)
	brithryw (ans)
heterozygous	heterosygaidd (ans)
hiatus	bwlch, bylchau (eg)
	adwy, -on (eb)
	bylchol (ans)
	adwyol (ans)
hibernate, to	gaeafgysgu (be)
hibernation	gaeafgwsg (eg)
hide	croen, crwyn (eg)
hidebound	croendyn (ans)
hill country/land	ucheldir, -oedd (eg)
	mynydd-dir, -oedd (eg)
hill grazing	porfa mynydd (eb)
hilum	hadgraith (eb)
hind -	ôl-
hind gut	ôl-berfedd(yn) (eg)
hind quarters	chwarter-ôl/coesau ôl (ell)
hind leg	coes ôl (eb)
hind (deer)	ewig, -od (eb)

hinge, of gate, door	colfach, -au (eg)
	colyn, -nau (eg)
hinge joint	cymal colfach (eg)
hinny	marchasen (eb)
(offspring of stallion and she-ass) see also 'neigh'	
hip	clun, -iau (eb)
	asgwrn y bŵl (eg)
hip dysplasia (HD)	namdwf y glun (eg)
hippomane	tafodlyn (eb)
	talaith (eb)
His, bundle of	sypyn His (y galon) (eg)
histomoniasis - see 'blackhead'	
hobble	glindorch, -au (eb)
hock (gambrel)	gar, -rau (eg/b)
flexure of the h.	camedd y gar (eg)
hollow of the h.	pant y gar (eg)
point of the h.	(pen)cricyn y gar (eg)
hoe (grubbing hoe)	chwynnogl, chwynoglau (eg)
hog - see 'pig'	
hog, to (cut mane)	tocio (mwng) (be)
hog cholera - see 'swine fever'	

hoist	peiriant codi, peiriannau codi (eg)
to hoist	codi (be)
holdover (crop)	(cnwd) wrth ymadael (eg)
homeopathy	homeopathi (eg)
homozygous	homosygaidd (ans)
hone	hogfaen, hogfeini (eg)
	calen, -ni (eb)
to hone	hogi (be)
honey-bee	gwenynen, gwenyn (eb)
honeycomb	crwybr, crwybrau (eg)
	dil, -iau (eg)
hoof	carn, -au (eg)
h. rasp	carnllif, -iau (eb)
hook	
1 trashing	1 cryman, -au (eg)
2 for hanging	2 bechyn/bachyn (eg)
hookworm	llyngyren adfach (eb)
hoose (husk)	yr hach (eg)
hoove (also hoven)	bolchwydd (eg)
hops	hopys (ell)
horizontal	llorwedd(ol) (ans)
hormonal	hormonaidd (ans)
hormone	hormon, -au (eg)

horn	corn, cyrn (eg)
horny texture	gwead cornaidd (eg)
horse	ceffyl, -au (eg)
chain/lead h.	ceffyl blaen (eg)
draught h.	ceffyl siafft (eg)
furrow h.	ceffyl rhych (eg)
land h.	ceffyl cefn/dan llaw (eg)
pack h.	ceffyl pwn (eg)
spare/unladen h.	ceffyl gweili (eg)
team h.	ceffyl cyfochr/pâr/gwedd (eg)
vanner h.	ceffyl men (eg)
h. block - see 'mounting block'	
h. box	milgert (eg)
horse (sawing)	car llifio (eg)
horse colours	
bay	gwinau/coch (ans)
bright b.	cochlyd (ans)
dark b.	gwinau/coch tywyll (ans)
light b.	gwinau/coch golau (ans)
black	du (ans)
brown	brown (ans)
chestnut	melyn/melynrudd/melyngoch (ans)
light c.	melyn golau (ans)
liver c.	melyn tywyll (ans)
cream	lliw hufen (ans)
dun, blue	llwydlas/hufenlas (ans)
dun, yellow	llwyd (ans)
grey	glas (ans)
steel g.	glas tywyll (ans)
light g.	glas golau/gwelwlas (ans)
dapple g.	glas lliniogog/brithlas (ans)
roan	broc (ans)
blue r.	broc glas (ans)
bay/strawberry r.	broc gwinau/coch (ans)

palamino	llaeth a chwrw (ans)
piebald	du a gwyn (ans)
speckled	brith (ans)
skewbald	coch a gwyn (ans)
white	gwyn (ans)
horsefly	cleren lwyd (eb)/pry llwyd (eg)
horsehair	rhawn ceffyl (eg)
horsehide	marchgen (eg)
horsepower	marchnerth (eg)
	celnerth (eg)
belt h.	m. gyrru (eg)
drawbar h.	m. tynnu (eg)
horseshoe seated - see also 'fullered'	pedol geuol (eb)
horsetail (*Equisetum arvense*)	rhonell y march (eb)
horticulture	garddwriaeth (eb)
hospital - see also 'isolation hospital'	ysbyty, ysbytai (eg)
host (organism)	organeb letyol (eb)
hound	bytheiad, bytheiaid (eg)
housing	lletyad (eg)
	tai maes (ell)
of harness	hwsin (eg)
to house	tyo (be)
cattle	clymu (be)
horses	ystablu (be)
fowl	twlc(i)o (be)

hoven (also hoove)	bolchwydd (eg, hefyd ans)
hover (in poultry house) - see 'brooder'	
hub	bŵl, bylau (eg) both, -au (eg)
hull	plisgyn, plisg (eg) masgl, -au (eg)
to hull	diblisgo (be)
humerus	yr uwchelin (eb) hwmerws (eg)
humidity	lleithder, lleithderau (eg)
humour (hylif)	hylif, -au (eg)
hump (of camel)	crwbi, crwbïod (eg)
humus	hwmws (eg)
hunger	cythlwng (eg)
hungry	ar ei ch/gythlwng â chwant bwyd
hunter 1 horse 2 rider	 1 ceffyl hela (eg) 2 heliwr (eg)
hurdle	clwyd, -i (eb)

hurt	dolur, -iau (eg)
	niwed, niweidiau (eg)
	anaf, -au (eg)
to hurt (suffer)	brifo (be)
	dolurio (be)
(cause hurt)	niweidio (be)
	anafu (be)
husbandry	hwsmonaeth (eb)
husk (hoose)	hach (eg)
husk (of seeds)	cibyn, -nau (eg)
	eisin (ell)
hutch, (rabbit)	cwb/cut/cwt (cwningen) (eg)
hyalin	hyalin (eg)
hyaline	gwydrol (ans)
hybrid	croesryw (ans)
	hybrid (ans)
hybrid vigour	ymnerth croesryw/hybrid (eg)
hybridisation	croesrywedd (eg)
hydatid	hydatid (eg)
h. cyst	coden hydatid (eb)
hydatidosis	hydatidosis (eg)
(hydatid disease)	
hydatoid	hydatoid (ans)
hydrarthrosis	dwfr-gymal (eg)
hydrate, to	hydradu (be)

(hydrated) lime	calch (eg)
hydration	hydradiad (eg)
hydrocele	ceillgyd-ddŵr (eg)
hydrocephalic	hydroceffalig (ans)
	dŵr ar yr ymennydd
hydrocephalus	hydroceffalws (eg)
hydronephrosis	hydroneffrosis (eg)
hydrophobia (rabies)	y gynddaredd (eb)
hydrosalpinx - see 'salpingitis'	
hydrotherapy	hydrotherapi (eg)
	dyfrdriniaeth (eb)
hygiene	
1 state of	1 glanweithdra (eg)
	hylendid (eg)
2 science of	2 glendideg (eb)
	e.e. Adran Glendideg
hygienic	hylan (ans)
hygienist	hylenydd (e.e. mewn lladd-dy) (eg)
	swyddog glendideg (eg)
hygroma	hygroma (eg)
	dŵr ar y pen-glin (eg)
hymen	pilen y wain (eb)
hyperaesthesia	gorymatebolrwydd (eg)
	hyperesthesia (eg)

hypercalcaemia	hypercalsemia (eg)
hypercalcinuria	hypercalsinwria (eg)
hyperglycaemia	hyperglycemia (eg)
hyperplasia	hyperplasia (eg) gordyfiant (eg)
hypersensitivity	gorhydeimledd (eg)
hyperthyroid	gorthyroidol (ans)
hyperthyroidism	gorthyroidedd (eg)
hypertrophy	hypertroffedd (eg)
hypha (of fungus)	hyffa, hyffâu (eg)
hyphal	hyffaidd (ans)
hypocalcaemia	hypocalsemia (eg) prinder calsiwm yn y gwaed
hypoderma - see 'warble fly'	
hypodermic	tangroenol (ans) hypodermig (ans)
hypoglossal	is-dafodol (ans)
hypoglycaemia	hypoglycemia (eg)
hypomagnesaemia (grass tetany, grass staggers)	y ddera (eb) dera'r borfa (eb)
hypopituitarism	hypobitwitedd (eg)

hypothermia	hypothermia (eg)
	is-wresedd (eg)
hypothermic	hypothermig (ans)
hypothesis	hypothesis (eg)
	rhagdybiaeth, -au (eb)
hysterectomy	crothdrychiad (eg)
	hysterectomi (eg)
hysteria	mamwst/y famwst (eb)
	hysteria (eg)
hysterical	hysteraidd (ans)
hysterotomy	crothgoriad (eg)
	hysterotomi (eg)

Iatrogenic	iatrogenig (ans)
ice pack	cwd iâ, cydau iâ (eg)
ichthyosis	ichthyosis (eg)
icteric	icterig (ans)
icterus	clefyd melyn (eg)
identical identical twins	unfath (ans) gefeilliaid unwy/unfath (ell)
identification (recognition)	adnabyddiaeth (eb)
identification mark(s)	nod(au) adnabod (eg/ll)
identify, to	adnabod (be)
idiopathic	idiopathig (ans)
idiosyncracy	hynodwedd (eb)
ileitis	ileitis (eg) llid yr ilewm (eg)
ileostomy	ileostomi (eg)
ileum	ilëwm (eg) perfeddyn bach (eg)
iliac	iliag (ans)
ilium (pinbone)	iliwm (eg)

ill	gwael (ans)
	tost (ans)
	afiach (ans)
	sâl (ans)
	anhwylus (ans)
illness	gwaeledd (eg)
	tostrwydd (eg)
	afiechyd (eg)
	salwch (eg)
	anhwylder (eg)
ill-thrift (illthrift)	anffyniant (eg)
illumination	goleuedd (eg)
illustrate, to	darlunio (be)
image (eye)	delwedd, -au (eb)
imbalance	anghydbwysedd (eg)
imbibition, biliary	amliwiad y bustl (eg)
immobilise, to	atalsymud (be)
(an animal)	diysgogi (be)
immobilising agent	atalsymudydd, -ion (eg)
(drug)	diysgogydd, -ion (eg)
immune	imwnaidd (ans)
immunisation	imwneiddiad (eg)
immunise, to	imwneiddio (be)
immunity	imwnedd (eg)
acquired i.	imwnedd caffael (eg)
natural i.	imwnedd cynhenid (eg)

immuno-suppression	gwrthimwnedd (eg)
	imwnlethiad (eg)
immunology	imwnoleg (eg)
impact	ardrawiad (eg)
to impact	ardaro (be)
impacted	ardrawedig (ans)
	caeth (ans)
impaction	ardrawiad, -au (eg)
i. of colon	rhwymedd (eg)
impair, to	amharu ar (be)
impaired	amharedig (ans)
impairment	amhariad (eg)
imperforate	anrhydyllog (ans)
impetiginous	crachdarddol (ans)
	impetigaidd (ans)
impetigo	crachdardd (eg)
	impetigo (eg)
implant, to	mewnblannu (be)
implement	offeryn, offer (eg)
import lairage	gwalfa fewnforio (eb)
impotence	analluedd (rhywiol) (eg)
impotent	analluog (ans)

impregnate, to - see
  'fertilize'

impulse (nervous)   ysgogiad, -au (eg)

impure   amhur (ans)

impurity   amhuredd, -au (eg)

inactive   digyffro (ans)

inactivity   digyffredd (eg)

inappetant   diarchwaeth (ans)

inborn   cynhenid (ans)
  i. error of metabolism   gwall cynhenid metabolaeth (eg)

inbreed, to   mewnfridio (be)

inbreeding   mewnfridio (be)
  i. depression   gostyngiad epilio oherwydd mewnfridio

in-bye (land)   ffridd, -oedd (eb)

in-calf   cyflo (ans)
  in-calf cow   buwch gyflo (eb)
  in-foal mare
    (pregnant mare)   caseg gyfebol (eb)
  in-kid   cyf-fyn (ans)
  in-lamb   cyfoen (ans)
  in-lay (hen)   dodwyog (iâr) (ans)
  in-milk   llaethog (ans)
  in-pig   hwch dorrog (eb)
  in-pup   gast dorrog (eb)
  in season - see
  'oestrous'

incapacity	anallu, -oedd (eg)
	anabledd (eg)
incidence	mynychder, -au (eg)
incinerator	llosgiadur, -on (eg)
incision	mewndoriad, -au (eg)
incisional	mewndoriadol (ans)
incisor - see 'tooth'	
incompatible	anghymarus (ans)
incompatibility	anghymarusedd (eg)
incompetence	anfedrusrwydd (eg)
incompetent	anfedrus (ans)
incomplete dominance	trechedd anghyflawn (eg)
incontinence	anymataledd (eg)
of faeces	baeddu (be)
of urine	trochi (be)
	anymataliad dŵr (eg)
	gwlychu (be)
incontinent	anymataliol (ans)
inco-ordination	anghydgordiad (eg)
	amrosgöedd (eg)
incubate, to	deor(i) (be)
incubation	deoriad (eg)

incubation period	
of disease	cyfnod deori (eg)
of eggs	cyfnod gori (eg)
incubator	deoriadur, -on (eg)
	deorydd, -ion (eg)
incus (ear)	einion/eingion (y glust) (eg)
	incws (eg)
Indian corn - see	indrawn (eg)
'corn, maize'	
indicator	dangosydd, dangosyddion (eg)
indigenous	cysefin (ans)
	brodorol (ans)
	cynhenid (ans)
indigestible	anrheuliadwy (ans)
	anhydraul (ans)
indigestion	diffyg traul (eg)
	camdreuliad (eg)
indoor school (horses)	hyffordd-dy ceffylau (eg)
induce, to	peri (be)
	cymell (be)
induction (birth)	cymell geni (be)
indurated	ymgaledig (ans)
induration	ymgalediad, -au (eg)
inedible	anfwytadwy (ans)
infarct, to	cnawdnychu (be)

infarcted	cnawdnychedig (ans)
infarction	cnawdnychiad, -au (eg)
	cnawdnychiant (eg)
infect, to	heintio (be)
infected (with bacteria, viruses ... etc)	heintiedig (ans)
Infected Area	Ardal Heintiedig (eb)
Infected Place	Lle Heintiedig (eg)
infection	haint, heintiau (eb)
	heintiad, -au (eg)
infection-free	heintrydd (ans)
infectious	heintus (ans)
infectious disease	clefyd heintus (eg)
infective	heintiol (ans)
infectivity	heintrwydd (eg)
inferior (anat.)	isaf (ans)
infertile	anffrwythlon (ans)
infertile land	tir diffrwyth (eg)
infertility	anffrwythlonedd (eg)
infest, to	heigio (be)
infestation	heigiad, -au (eg)
	pla, plâu (eg)
infestation-free	heigrydd (ans)

infested	heigiog/heigiedig (ans)
infested (with insects, parasites etc)	heigiedig â (pryfed, parasitau etc)
infesting	heigiol (ans)
infiltrated	ymdreiddiedig (ans)
infiltration	ymdreiddiad, -au (eg)
infirm	musgrell (ans) llesg (ans)
inflame, to	llidio (be) ennyn(be)
inflamed	llidus (ans) enynedig/enynllyd (ans)
(in)flammable	fflamadwy (ans) hylosg (ans)
inflammation	llid, -iau (eg) enynfa, -oedd (eb) fflameg, -au (eb)
inflammatory	llidiol (ans) enynfaol (ans)
inflammatory diseases	clefydau llidiol/enynfaol (ell)
inflammatory reaction	adwaith llidiol/enynfaol (eg)
inflate, to	enchwythu (be)
inflated	enchwythedig (ans)

influenza	anwydwst (eg)
	ffliw (eb)
influenzal	anwydol (ans)
information feedback	adborth gwybodaeth (eg)
infraorbital	islygadol (ans)
infraorbital gland	chwarren islygadol (eb)
infra-red	isgoch (ans)
infundibular	inffwndibwlaidd (ans)
infundibulum	inffwndibwlwm (eg)
infuse, to	trwytho (be)
infusion	trwyth, -au (eg)
	trwythiad, -au (eg)
ingest, to	amlyncu (be)
ingesta	amlyncfwyd (eg)
ingoing (cost)	mewndaliad, -au (eg)
ingredient	cyfansoddyn, cyfansoddion (eg)
	cynhwysion (ell)
inguinal	gwerddyrol (ans)
inhalation	mewnanadliad, -au (eg)
inhalational anaesthetic	anesthetig mewnanadlol (eg)
inhale, to	mewnanadlu (be)
inherent	cynhenid (ans)

inheritance	
1 heredity	1 etifeddiad (nodweddion) (eg)
2 property etc	2 etifeddiaeth (eiddo etc) (eb)
inhibit, to	atal (be)
	lluddias (be)
inhibition	ataliad (eg)
	lluddiad/lluddiant (eg)
inhibitor	atalydd, atalyddion (eg)
initial dose	dogn gychwynnol (eb)
inject, to	pigo (be)
	iddyrru (be)
injection	pigiad, -au (eg)
	iddyriad, -au (eg)
booster i.	pigiad atgyfnerthu (eg)
injure (harm), to	anafu (be)
	niweidio (be)
injurious (harmful)	niweidiol (ans)
	anafus (ans)
injury	niwed, niweidiau (eg)
	anaf, -au (eg)
innate	cynhwynol (ans)
innervate, to	nerfogi (be)
	nerfiadu (be)
innervation	nerfogaeth, -au (eb)
	nerfiadedd (eg)

inoculate, to (immunol.)	brechu (be)
	impio (be)
inoculate, to (bacteriol.)	plannu (be)
inoculation (immunol.)	brechiad, -au (eg)
inoculation (bacteriol.)	planiad, -au (eg)
inorganic	anorganig (ans)
input	mewnbwn (eg)
	mewngyrch (eg)
insanitary (conditions)	(amodau) afiach/aflan (ell)
insect	pryf, -ed (eg)
insect bite	pigiad pryf, pigiadau pryf(ed) (eg)
insecticide	pryleiddiad, -au (eg)
insectivore	pryfysydd, -ion (eg)
insectivorous	pryfysol (ans)
inseminate, to	enhadu (be)
	semenu (be)
insemination	enhadiad, -au (eg)
	semeniad, -au (eg)
artificial i.	llofhadiad (eg)
inseminator	enhadwr (eg)
insidious	llechwraidd (ans)
insoluble	anhydawdd (ans)

insolubility	anhydoddedd (eg)
inspect, to	archwilio (be)
inspector	arolygwr, arolygwyr (eg)
inspiration	mewnanadliad, -au (eg)
inspire, to	mewnanadlu (be)
	anadlu i mewn (be)
inspired air	awyr mewnanadledig (eg)
instinct	greddf, -au (eb)
instinctive	greddfol (ans)
instrument	teclyn, taclau (eg)
	offeryn, offer (eg)
	erfyn (eg)
insufficiency	annigonedd (eg)
insufficient	annigonol (ans)
insulate, to	(am)ynysu (be)
insulation	(am)ynysiad (eg)
insulator	(am)ynysydd, -ion (eg)
insulin	inswlin (eg)
intake (of food)	cymeriant (eg)
integument	pilyn, pilynnau (eg)
intensity	arddwysedd, arddwyseddau (eg)

intensity of light	tanbeidrwydd golau (eg)
intensive (farming)	(ffermio) dirddwys (ans)
interact, to	rhyngweithio (be)
interbreeding	rhyngfridio (be)
intercalated	rhyng-osodedig (ans)
intercostal	rhyngasennol (ans)
inter-cropping	cyd-gnydio (be)
interdigital	rhyngfyseddol (ans)

interest
  1 psychol.
  2 fiscal
	1 diddordeb, -au (eg)
	2 llog, -au (eg)

interfering (equine)	camsymudiad, -au (eg)
interferon	interfferon (eg)
intermediary i. metabolism	rhyngol (ans) metabolaeth ryngol (eb)
intermediate	rhyngolyn, -nau (eg)
intermittent i. claudication	ysbeidiol (ans) crebachboen rhydwelïol (eg) cloffni ysbeidiol (eg)
internal	mewnol (ans)
interstitial	rhyngleol (ans) interstitaidd (ans)
intertrigo	llid plygiadau'r croen (eg)

intervention	ymyrraeth (eg)
Intervention Board for Agricultural Produce	Bwrdd Ymyrraeth Cynnyrch Amaethyddol (eg)
interventricular	rhyngfentrigol (ans)
intervertebral	rhyngleiniol (ans)
intestinal	perfeddol (ans) coluddol (ans)
intestine	perfeddyn, perfeddion (eg)
small i.	p. bach/main (eg)
large i.	p. mawr/bras (eg)
intoxicate, to	meddwi (be)
intoxicating	meddwol (ans)
intoxication	meddwdod (eg)
intra-cardial injection	iddyriad i'r galon (eg)
intracranial	mewngreuanol (ans)
intradermal injection	pigiad/iddyriad mewngroenol (eg)
intramuscular injection	pigiad/iddyriad mewngyhyrol (eg)
intraperitoneal	mewnberfeddlennol (ans)
intrauterine	mewngroth(ol) (ans)
intravenous	mewnwythiennol (ans)
intravenous injection	pigiad/iddyriad mewnwythiennol (eg)
intrinsic	cynhenid (ans)

introverted	mewnblyg (ans)
	mewndroëdig (ans)
intussusception	llawesiad, -au (eg)
	mewnlithriad y perfeddyn (eg)
invade, to	mewndreiddio (be)
invaginate, to	ymweinio (be)
invagination	ymweiniad, ymweiniadau (eg)
invalid (lacking validity)	annilys (ans)
invalidity	annilysrwydd (eg)
invasive	mewndreiddiol (ans)
inversion (sugars, also anatomy, genetics)	gwrthdroad, -au (eg)
invertebral	infertebrol (ans)
invertebrate	infertebrat, -au (eg)
investigate, to	archwilio (be)
investigation	archwiliad, -au (eg)
involuntary (muscle etc)	anwirfoddol (ans)
involution	ad-ddychweliad, -au (eg)
involute (to)	ad-ddychwel (be)
inwinter, to	mewnaeafu (be)
	clymu (gwartheg) (be)
iodine (I)	ïodin (eg)

ion	ïon, -au (eg)
ionise, to	ïoneiddio (be)
ionisation	ïoneiddiad (eg)
iridectomy	iridrychiad (eg)
iris (eye)	enfys y llygad (eb)
	iris, -au (eg)
iritis	llid yr enfys (eg)
	iritis (eg)
iron (Fe)	haearn (eg)
cast iron	haearn bwrw (eg)
galvanised iron	haearn sinc/zinc (eg)
	haearn galfanedig (eg)
irradiate, to	arbelydru (be)
irradiation	arbelydriad (eg)
irrigate, to	irigeiddio (be)
	dyfrhau (be)
irrigation	irigeiddiad (eg)
	dyfrhad (eg)
irritability	
1 behaviour	1 anniddigrwydd (eg)
2 tissue	2 hydeimledd (eg)
irritation - see 'to itch'	
ischaemia	diwaededd (eg)
	ischemia (eg)
ischaemic	diwaedol (ans)
	ischemig (ans)

ischium (pelvis)	ischiwm (eg)
Islets of Langherans	ynysoedd Langherans (ell)
isolate, to	arwahanu (be)
isolated	arwahanedig (ans)
isolation	arwahaniad, -au (eg)
isolation hospital	ysbyty arwahanu (eg)
isotope	isotop, isotopau (eg)
issue (progeny)	epil, -iaid (eg)
isthmus	isthmws (eg)
itch, to	cosi (be) crafu (be) ymlith (be)
itchy leg, foot or leg mange	clafr y siwrl (eg)
ivy (*Hedera helix*)	iorwg (eg) eiddew (eg)
Jackass	marchasyn, -nod (eg)
jar (jolt)	ysgytwad, -au (eg)
jar (container)	jar, -iau (eb) pot, -iau (eg) celwrn, celyrnau (eg)
jaundice	clefyd/clwy melyn (eg)

jaundiced	melyn (ans) icterig (ans)
jaw	gên, genau (eb)
jaw-bone, lower	car gên/car yr ên (eg)
jejunum	perfeddyn canol (eg) jejenwm (eg)
jennyass	asen, asennod (eb)
jet	ffrwd, ffrydiau (eb) chwythell, -i (eb)
jib, to	nogio (be)
Johne's disease	clefyd Johne (eg) clefyd y bustl (eg)

joint
  ball and socket j.
  gliding j.
  hinge j.
  moveable j.
  pivot j.
	cymal, -au (eg)
	cymal pelen a chrau (eg)
	cymal llithro (eg)
	cymal colfach (eg)
	cymal symudol (eg)
	cymal pifod (eg)

joint capsule	cymalwain, cymalweiniau (eb)

joint costs
  j. product
  j. production
	cyd-gostau (ell)
	cyd-gynnyrch, cyd-gynhyrchion (eg)
	cyd-gynhyrchiad, cyd-gynyrchiadau (eg)

joint-ill	clefyd y cymalau (eg)
joint oil/fluid - see 'synovial fluid'	
joint replacement	amnewid cymal (be)

jowl	dwyen (eb)
jug	jwg, jygiau/siwg, siygiau (eb)
jugular vein	gwythïen y gwddf (eb)
juice	sudd, -ion (eg)
digestive juices	suddion treulio (ell)
gastric juice	sudd gastrig (eg)
juniper	merywen (eb)
(*Juniper communis*)	
jurisprudence	cyfreitheg (eb)
juvenile	ieuanc/ifanc (ans)
Kale	cêl (eg)
marrow stem k.	c. mergoes (eg)
thousand headed k.	c. lluosben (eg)
ked	hisleuen, hislau (eb)
keel (of bird)	asgwrn y frest (eg)
keen	awchus (ans)
keep	porthiant cadw (eg)
winter k.	porthiant/gogor gaeaf (eg)
keep, to	gaeafu (be)
keeping quality	ansawdd cadw (llaeth, ymenyn etc) (eg)
(milk, butter etc)	
kelp (ash)	lludw gwymon (eg)
kemp	seithwlan (eg)

kennel	cyndy, cyndai (eg)
	cynllwst (eg)
	cwb ci (eg)
keratin	ceratin (eg)
keratinisation	ceratinedd (eg)
keratitis	cornbilenwst (eg)
	ceratitis (eg)
keratoma	carngrwmp (eg)
keratosis	ceratosis (eg)
kernel	cnewyllyn, cnewyll (eg)
kerosene	cerosin (eg)
Kerry Hill (sheep)	(defaid) Mynydd Ceri
kestrel	cudyll/curyll coch, -od c. (eg)
ketone	ceton, -au (eg)
k. bodies	cetonau (ell)
ketonuria	cetonwria (eg)
ketosis	cetosis (eg)
kibble to	brasfalu (be)
kid - see 'goat'	
kid house	myndy, myndai (eg)
kidney	aren, -nau (eb)
	elwlen, elwlod (eb)
k. beans	ffa dringo (ell)
k. vetch	ffacbys (ell)
k. knob fat (beef)	braster aren (eg)

killing out percentage	canran lladd (eb)
kiln, (lime)	odyn, -au (calch) (eb)
kilo -	kilo -
kindle, to	geni (e.e. cwningod) (be)
kinky back	parlys cefn (eg)
kit (pail)	stwc, stycau (eg) twba, twbeiau/tybiau (eg)
kite	barcud, -iaid (eg)
kitten	cath fach, cathod bach (eb) cenaw, -on (eg)
knacker(man)	abwywr, abwywyr (eg)
knackery (knacker's yard)	abwyfa (eb)
knapweed (*Centaurea nigra*)	pengaled (eb)
knee knock knee	pen-glin, pen-gliniau (eb) glin-gam (eb)
knob fat - see 'kidney'	
knuckle	migwrn, migyrnau (eg) cwgn, cygnau (eg)
knuckling	plygedd y meilwng (eg)
kohlrabi	bresych coesdew (eg)
Küpffer cell	cell Küpffer (eb)

kyphosis (roach back)	cefngrymedd (eg) cyffosis (eg)
kyphotic	cefngrwm (ans) cyffotig (ans)
Label to label	label, labeli (eb) labelu (be)
labial	gwefusol (ans) gweflol (ans)
labile	ansefydlog (ans) anwadal (ans)
labium	gwefl y wain, gweflau'r wain (eb)
laboratory	labordy, labordai (eg)
labour (birth) of cow	gwewyr esgor (eg) claf (ans)
labour force	gweithlu (ell)
labour intensive	llafurddwys (ans) llafurdrwm (ans)
labour, skilled	llafur hyfedr (eg)
laburnum (*Laburnum anagyroides*)	tresi aur (ell)
labyrinth	labyrinth, -au (eg) troellfa, troellfeydd (eb)
laceration	rhwygiad, -au (eg)

lachrymal	deigrynnol (ans)
	lacrymaidd (ans)
l. duct	dwythell ddagrau (eb)
lachrymonasal	lacrymonasol (ans)
lack-lustre	(golwg) pŵl (ans)
lactase	lactas (eg)
lactate, to	llaetha (be)
lactation	llaethiad (eg)
l. period	cyfnod llaetha (eg)
l. tetany	tetanedd llaetha (eg)
lacteal	lacteal, -au (eg)
lactic acid	asid lactig (eg)
lactoferrin	lactofferin (eg)
lactose	lactos (eg)
ladder	ysgol, -ion (eb)
ladle	lletwad, -au (eb)
laid crop	cnwd gorweddol, cnydau gorweddol (eg)
lair	gwâl, gwalau (eb)
lairage	gwalfa, gwalfâu (eb)
	lloches, -au (eb)
lamb	oen, ŵyn (eg)
l. dysentery	y sgoth waedlyd (eb)
to lamb	wyna (be)

lambing pen	lloc/corlan wyna (eg)
lambing percentage	canran wyna (eb)
lambing period/season	tymor wyna (eg)
l. sickness	clefyd llaeth/wyna (eg)
	hypocalsemia (eg)
lambing shed	lluest/sied wyna (eg)
lame	cloff (ans)
lameness	cloffni (eg)
lamina	haenell (y carn), -au (eb)
	tafell (y carn) (eb)
sensitive l.	haenell/tafell fyw y carn (eb)
horny l.	haenell/tafell gorniog y carn (eb)
laminate, to	haenu (be)
	tafellu (be)
laminated	haenedig (ans)
laminectomy	laminectomi (eg)
laminitis	llid y carn (eg)
chronic l.	carngrychedd (eg)
l. rings	crychau llid y carn (ell)
lampas	mintag (eb)
	y fintag (eb)
lance, to	toragor (be)
lancet	cyllellan (eb)

land	tir, -oedd (eg)
L. Classification	Dosraniad Tiroedd (eg)
	Tirddosraniad (eg)
L. Commission	Comisiwn Tir (eg)
l. reclamation scheme	cynllun adennill tir (eg)
l. improvement scheme	cynllun gwella tir (eg)
l. use	defnydd tir (eg)
Land Use Classification	Dosraniad Tiroedd yn ôl eu Defnydd (eg)
landlord	landlord, -iaid (eg)
	meistr tir (eg)
landscape, to	tirlunio (be)
lane, farm	lôn, lonydd (eb)
	meidr, meidrydd (eb)
lanolin	saim gwlân (eg)
lap, to (milk etc)	llepian (be)
lap-dog	arffetgi, arffetgwn (eg)
laparotomy	laparotomi (eg)
	bolagoriad (eg)
lard	saim mochyn (eg)
large intestine	perfeddyn mawr (eg)
	coluddyn mawr (eg)
large scale (farming)	(ffermio) ar raddfa fawr
larva	larfa, larfau (eg)
	cynrhonyn, cynrhon (eb)
laryngeal	beudagol (ans)
	laryngaidd (ans)
	breuannol (ans)

laryngitis	llid y feudag (eg)
laryngoscope	laryngosgôp (eg)
larynx	beudag (eb)
	laryncs (eg)
	breuant, breuannau (eb/g)
laser	laser, -au (eg)
lassitude	llesgedd (eg)
	blinder (eg)
latent	cudd (ans)
	annatblygedig (ans)
lateral	ochrol (ans)
lateral (of leg)	ochr allanol (y goes) (eb)
lathe	turn, -iau (eb)
lather	
1 soapsuds	1 trochion sebon (ell)
2 sweat foam	2 chwys/chwysgaen ceffyl (eg)
lattice	dellten, dellt (eb)
	delltwaith, delltweithiau (eg)
	latys, -au (eg)
laurel, cherry	lawrsirianen (eb)
(*Prunus laurocerasus*)	
lavage	golchiad (eg)
	golchi allan (be)
(e.g. gastric l.)	(e.e. golchi'r stumog allan)
law	deddf, -au (eb)
1. of diminishing returns	deddf lleihad mewn cynnyrch (eb)

laxative liquid l.	carthydd, -ion (eg) carthlyn (eg)

lay, to
  1 eggs
  2 hedge
	1 dodwy (be)
	2 plygu (be)
	  bidio (be)

lay down, to	ail-hadu (tir) (be)
layer (hay, soil etc)	haenen, -nau (eb)
layer (poultry)	dodwyraig (eb)
layer's cramp	parlys iâr ddodwy (eg)
laying period	cyfnod dodwy (eg)
layout	llunwedd, -au (eb) cynllun, -iau (eg)
leach (out), to	trwytholchi, (allan) (be)
lead (metal)	plwm (eg)
lead (dog etc) to lead (horse etc)	cynllyfan, -au (eg) arwain (be)
leaf-mould	deilbridd (eg)
lean meat	cig coch, cigoedd coch (eg)
lean-to	pentis, -iau (eg) olier, -au (eb) eil, -ion (eb)

lease (hold)
  l. holder
  to lease
	prydles, -i (eb)
	prydles-ddeiliad, prydles-ddeiliaid (eg)
	prydlesu (be)

ledger	prif-lyfr cyfrifon, prif-lyfrau cyfrifon (eg)
leech	gele(n), gelod (eb)
leg	coes, -au (eb)
foreleg	coes flaen, coesau blaen (eb)
hindleg	coes ôl, coesau ôl (eb)
leg mange	clafr y siwrl (eg)
legged, clean	coeslan (ans)
legislate, to	deddfu (be)
legume (pulse)	codlys, -iau (eg)
	ciblys, -iau (eg)
leguminous	codlysol (ans)
lens	lens, -iau (eg/b)
lens, biconcave	lens deugeugrwm (eg)
l. concave	l. ceugrwm (eg)
l. convex	l. amgrwm (eg)
l. crystalline	l. crisialaidd (eg)
lens, hand	chwyddwydr, chwyddwydrau (eg)
lenticular	lentigol (ans)
	corbysaidd (ans)
lentil	corbysen, corbys (eg)
leptospirosis	yr haint felen (eb)/y clwy melyn (eg)
(Weil's disease,	leptosbirosis (eg)
the yellows)	
lesion	nam, -au (eg)

less favoured area	ardal lai ffafredig (eb)
lethal	angheuol (ans) marwol (ans)
lethargic	marwaidd (ans) di-ynni (ans) llesg (ans)
leucocyte	lewcoseit, -au (eg)/lewcocyt, -au (eg) cellwen, celloedd gwynion (y gwaed) (eb)
leucocyte count	cyfrifiad lewcocytau (eg)
leucocytosis	lewcocytosis (eg)
leucopenia	lewcopenia (eg)
leucorrhoea (whites)	lewcorea (eg) crawnlysedd (eg)
leucotrichia	blew-wyndra (eg) lewcotrichia (eg)
leukaemia	lewcemia (eg)
lever	lifer, -i (eg) trosol, -ion (eg)
leveret	lefren, lefrod (eb) ysgyfarnog ifanc (eb)
levy co-responsibility l.	ardreth, -i (eb/g) a. gyd-gyfrifoldeb (eb)
ley l. farming	tir glas (eg) ffermio arlas (be)

liability	
1 legal	1 rhwymedigaeth, -au (eb)
2 financial	2 dyledaeth, -au (eb)
lice (louse)	llau (un. lleuen, [eb])
1. infestation	heigiad llau (eg)
licence	trwydded, -au (eb)
lichen	cen, -nau (eg)
lick, to	llyfu (be)
	lluo (be)
lick (for licking by animals)	llyfaen, llyfeini (eg)
lick granuloma	granwloma llyfu (eg)
life cycle	cylchred bywyd (eg)
	rhod bywyd, rhodau bywyd (eg)
life expectancy	oesddisgwyliad, -au (eg)
life span	hydhoedledd (eg)
	hyd oes (eg)
lifeless	difywyd (ans)
	marwaidd (ans)
ligament	gewyn, -nau (eg)
suspensory l.	gewyn cynhaliol (eg)
ligamentous	gewynnol (ans)
ligamentum Nuchae	gewyn y gwar (eg)
ligate, to	llinglymu/llynglymu (be)

ligation	llinglymiad, -au (eg)
ligature	
(1) suture	(1) pwythyn, -nau (eg)
(2) material	(2) clymydd, -ion (eg)
light	golau, goleuau (eg)
	goleuni (eg)
1. intensity	tanbeidrwydd golau (eg)
daylight	golau dydd (eg)
sunlight	golau'r haul (eg)
'lights' (also lites)	ysgyfaint (ell)
lignin	lignin (eg)
ligula	ligwla (eg)
ligule	tafodig, -au (eg)
limb	
1 of animal	1 aelod, -au (eg)
2 of tree	2 cangen, canghennau (eb)
lime	calch, -oedd (eg)
quick l.	calch brwd (eg)
slaked l.	calch tawdd (eg)
limestone	calchfaen, calchfeini (eg)
	carreg galch, cerrig calch (eb)
limewater	dŵr calch (eg)
	gloywon calch (ell)
lime wash, to	gwyngalchu (be)
liminal	trothwyol (ans)
limiting factor	ffactor gyfyngol (eb)

limp (lameness)	cloffni (eg)
	herc, -iau (eb)
to limp	cloffi (be)
	hercian (be)
limp (lacking stiffness)	llipa (ans)
linch-pin (axle-pin)	echelbin, -nau (eg)
	gwarbin, -nau (eg)
line breeding	bridio llinachol (be)
to line breed	llinachfridio (be)
lineage	llinach (eb)
linear	llinol (ans)
linearity	llinoledd (eg)
liner (milking machine)	tethbib, -au (eb)
lingual	tafodol (ans)
liniment	eneinlyn, -nau (eg)
lining	leinin, leininau (eg)
	llen fewnol (eb)
linkage	cysylltedd (eg)
linked group	grŵp cysylltiedig (eg)
sex linkage	cysylltedd rhyw (eg)
sex linked	rhyw-gysylltiedig (ans)
linseed	had llin (e.torf)
lint	lint (eg)
	llieinrhwd (eg)
lip	gwefus, -au (eb)

lipaemia	lipemia (eg)
	braswaededd (eg)
lipase	lipas, -au (eg)
lipid	lipid, -au (eg)
lipoma	lipoma, lipomâu (eg)
liquefy, to	hylifo (be)
liquefaction	hylifiad (eg)
liquid	hylif, -au (eg)
liquid fertiliser	gwrtaith hylif, gwrteithiau hylif (eg)
liquid manure	tom hylif (eb)
	tail hylif (eg)
liquidiser	hylifydd, -ion (eg)
liquidity	hylifedd (eg)
liquidity preference	hylifedd-ddewis (eg)
liquidity ratio	cymhareb hylifedd (eb)
listeriosis	listeriosis (eg)
listless	difywyd (ans)
litre	litr, -au (eg)
litter	
1. of piglets etc	ael, -oedd (eb)
	torllwyth/torraid (o berchyll etc.)
2. bedding	(gwa)sarn (eg)
deep l.	(gwa)sarn dwfn (eg)

live weight l.w. gain	pwysau byw (eg) cynnydd p.b. (eg)
liver	afu, afuoedd (eg/b) iau, ieuau (eg)
liver fluke/rot - see 'fluke'	
liverwort	llys yr afu/iau (eg)
livery	marchofal llog (eg)
livestock l. density	da byw (e.torf) niferedd da byw (eg)
living	byw/bywiol (ans)
llama	lama, -od (eg)
loader	llwythydd/codwr (gwair) (eg)
loam	lôm, lomau (eg)
lobe	llabed, -au (eb)
lobule	llabeden, -nau (eb)
local anaesthetic - see 'anaesthetic'	
lock, of hair	cudyn, -nau (eg)
lock jaw - see 'tetanus'	
locomotion	ymsymudedd (eg)
lodging (crops)	gorweddiant (eg) cnydau gorweddol (ell)

loin	lwyn, -au (eb/g)
chump l.	lwyn ôl (eb/g)
fore l.	lwyn flaen (eb/g)
middle l.	lwyn ganol (eb/g)
longevity	hirhoedledd (eg)
longhorn (cattle)	(gwartheg) hirgorn (ans)
longitudinal section	toriad hydredol (eg)
loose-box	cwt rhydd (eg)
loose-housing	lletya'n rhydd (be)
lop, to	brigdocio (be)
lop-eared	clustlipa (ans)
lordosis	lordosis (eg)
	cefngeugrymedd (eg)
lotion	golchdrwyth (eg)
louping ill	y breid (eg)
louse	lleuen, llau (eb)
low, to	brefu (be)
lower jaw	gên isaf (eb)
lowland	llawr gwlad (eg)
	tir gwaelod/godre (eg)
	iseldir, -oedd (eg)
l. farm	fferm llawr gwlad (eb)
lubricant	iriad, -au (eg)

lubricate, to	iro (be)
lubricator	
1 teclyn	1 iriadur, -on (eg)
2 oil	2 irydd, -ion (eg)
lucerne (alfalfa) (*Medicago sativa*)	maglys rhuddlas (eg) alffalffa (eg)
lukewarm	claear (ans)
lumbar	meingefnol (ans)
lumen	lwmen (eg)
lump (after a blow on the head)	chwrlyn, -nau (eg)
lump (others)	lwmpyn (eg) lwmp, lympiau (eg)
lump sum	crynswm (eg)
lumpy (appearance)	cnapiog (ans)
lumpy jaw (actinomycosis)	cern/gên fawr (eb)
lumpy wool - see 'wool rot'	
lung farmer's l.	ysgyfant, ysgyfaint (eg) mogfa/mygfa'r ffermwr (eb)
lunge, to	cylchyrru (be)
lupin (*Lupinus spp*)	bys y blaidd (eg)
lupinosis	lwpinosis (eg)

lurcher	llechgi, llechgwn (eg)
lure - see 'decoy'	
lush pasture	porfa fras, porfeydd breision (eb)
luteinising hormone	hormon lwteineiddio (eg)
luxating patella	datgymaliad padell y ben-glin (eg)
luxation	datgymaliad (eg)

lymph
  1. duct/vessel
  1. gland (1. node)
	lymff (eg)
	pibell/dwythell lymff (eb)
	nod lymff (eg)

lymphadenitis	lymffadenitis (eg) llid y nod lymff (eg)
lymphadenoma	lymffadenoma (eg) tyfiant y nod lymff (eg)
lymphangitis (Monday morning disease)	lymffangitis/lymffanwst (eg)
lymphatic	lymffatig (ans)
lymphocyte	lymffoseit/lymffocyt, -au (eg)
lymphocytic	lymffoseitig/lymffocytig (ans)
lymphocytoma	lymffoseitoma/lymffocytoma (eg)
lymphoid	lymffoid (ans)
lymphopenia	lymffopenia (eg)
lymphosarcoma	lymffosarcoma (eg)

197

lysis	lysis (eg)
1 haematology	1 ymddifrodiad (gwaed) (eg)
2 of a disease	2 cildroad (twymyn) (eg)
lytic	lytig (ans)
Macerate, to	trwythfalu (be)
macerated foetus	ffetws braenwlyb (eg)
	ffetws mallwlyb (eg)
maceration	trwythfaliad (eg)
machine	peiriant, peiriannau (eg)
machinery	
1 machines	1 peiriannau (fferm) (ell)
2 mechanism	2 peirianwaith (eg)
macro-	macro-
macrocephalic	macroceffalig (ans)
macrophage	macroffag, -au (eg)
macula	macwla (eg)
	brycheuyn (eg)
maedi/visna (sheep)	maedi/fisna (eg)
mad cow disease - see	
'bovine spongiform	
encephalitis'	
maggot	cynrhonyn, cynrhon (eb)
maggoting	pryfedu (be)
(strike, myiasis)	cynrhoni (be)

maggoty	cynrhonllyd (ans)
magnesium (Mg)	magnesiwm (eg)
magnet	magnet, -au (eg)
magnetic	magnetig (ans) atynnol (ans)
maiden heifer	treisiad, treisiedi (eb) anner, aneirod (eb) heffer, heffrod (eb)
maintenance ration	dogn, -au cynnal (eg)
maintenance of growth	cynnal twf (be)
maize, flaked	creision indrawn (ell)
malabsorb, to	camamsugno (be)
malabsorption m. syndrome	camamsugniad (eg) syndrom camamsugniad (eg)
malady	anhwylder, -au (eg) salwch (eg) tostrwydd (eg)
male	gwryw, gwrywod (eg) gwryw(ol) (ans)
maleness	gwrywedd (eg)
male fern (*Dryopteris filix-mas*)	rhedynen y cadno (eb)

malformation,
  congenital
  pre-birth m.
	camffurfiad cydenedigol (eg)
	
	camffurfiad cynhwynol/cynenedigol (eg)

malignancy	malaenedd (eg)
malignant	malaen (ans)
mallard (wild duck) male duck - see 'drake'	hwyaden wyllt, hwyaid gwylltion (eb)
mallenders	llid agen y glin (eg)
malnourish, to	camfaethu (be)
malnutrition	camfaethiad (eg)
malocclusion	camgnoiad dannedd (eg)
malt to malt	brag, -au (eg) bragu (be)
malting barley	haidd bragu (e.torf)
mammal	mamolyn, mamolion (eg)
mammalian	mamolaidd (ans)
mammary gland	chwarren laeth (eb)
manage, to	rheoli (be)
manager, farm	rheolwr fferm (eg)
mane thick-maned	mwng, myngau (eg) myngfras (ans)
mandible	mandibl, -au (eg) asgwrn yr ên (eg)
manganese (Mn)	manganis (eg)

mange	clafr, -iaid (eg)
	crach (ell)
	clafr y defaid (eg)
demodectic m.	clafr demodectaidd (eg)
otodectic m.	clafr y glust (eg)
mangel (mangold)	manglen, manglod (eb)
manger	preseb, -au (eg)
mania	gwallgofrwydd (eg)
manipulate, to	llaw-drin (be)
manipulation	llawdriniad, -au (eg)
MSC (Manpower Services Commission)	Comisiwn y Gweithlu (eg)
manure	tail, teiliau (eg)
	tom, -ydd (eb)
	gwrtaith, gwrteithiau (eg)
	achles, -au (eg)
to manure	teilo (be)
	gwrteithio (be)
artificial m. (fertilizer)	gwrtaith/achles artiffisial (eg)
complete m.	gwrtaith cyflawn (eg)
liquid m.	tail/tom hylif (eg)
manure spreader	chwalwr tail (eg)
marbling (meat)	marmoredd (cig) (eg)
mare	caseg, cesyg (eb)
Marek's disease (poultry) - see 'fowl paralysis'	

margin	ffinled (eg)
e.g. gross m.	brasffinled (eg)
net m.	gwir ffinled/ffinfwlch (eg)
marginal land	tir ymylol, tiroedd ymylol (eg)
marker	nodydd, -ion (eg)
market	marchnad, -oedd (eb)
marl	marl, -iau (eg)
marram grass (*Ammophila arenaria*)	moresg/môr hesg (ell)
marrow (bone)	mêr, -ion (eg)
marshland	corstir, corstiroedd (eg)
salt m.	morfa/cors heli, morfeydd/corsydd heli (eb
mart	mart, -au (eg)
mash	llith, -iau (eg)
	stwmp, stympiau (eg)
massage	tyliniad, -au (eg)
massage, to	tylino (be)
	llofeiddio (be)
mastication	cnoi (be)
mastiff	costowci, costowcwn (eg)
	gafaelgi, gafaelgwn (eg)
mastitis	mastitis (eg)
	garged/gafod/gargut (eb)
acute m.	mastitis llym (eg)
chronic m.	mastitis hirfaith (eg)

mastoid process	cambwl mastoid (eg)
masturbate, to	onanu (be)
masturbation	onaniad (eg)
mate, to	paru (be)
	cyplysu (be)
	cymharu (be)
maternal	mamol (ans)
mating instinct	y reddf baru (eb)
matrix	matrics, matricsau (eg)
mature	aeddfed (ans)
to mature	aeddfedu (be)
mature insect	pryfyn llawn-dwf (eg)
maul, to	sinachad/sinachu (be)
maxilla	macsila (eg)
	cern, -au (eg)
maximum	
1 of sum, amount	1 uchafswm (eg)
2 of number	2 uchafrif (eg)
meadow	gweirglodd, -iau (eb)
	dôl, dolydd (eb)
	gwaun, gweunydd (eb)
m. hay	gweunwair (eg)
m. saffron	saffrwm y gweunydd (eg)
(*Colchicum autumnale*)	

meadow grass, annual (*Poa annua*)	gweunwellt unflwydd (ell)
smooth m.g. (*Poa pratensis*)	gweunwellt llyfn (ell)
rough m.g. (*Poa trivialis*)	gweunwellt lledarw (ell)
meal	mâl-fwyd (eg) blawd mâl (eg)
barley m.	blawd haidd (eg)
oatmeal	blawd ceirch (eg)
meat	cig, -oedd (eg)
chilled m.	oergig (eg)
fat(ty) m.	c. bras/gwyn (eg)
frozen m.	rhewgig (eg)
lean m.	c. coch (eg)
marbled m.	c. marmoraidd (eg)
raw m.	c. amrwd (eg)
red m. (EEC classification)	c. coch (eg) (eidion, dafad etc)
tinned m.	c. tun (eg)
white m. (EEC)	c. gwyn (eg) (dofednod, cwningod etc) (e«
Meat and Livestock Commission	Comisiwn Cig a Da Byw (eg)
mechanics	mecaneg (eg)
mechanical	mecanyddol (ans)
mechanism	mecanwaith, mecanweithiau (eg)
meconium	meconiwm (eg)
medial	medial (ans)
m. side	ochr fewnol (eb)

median
  1 statistics
  2 anatomy
	1 canolrif (eg)
	2 canolwedd (eb)

mediastinum	mediastinwm (eg)
medicine	moddion (ell) ffisig (eg)
medium culture m.	cyfrwng, cyfryngau (eg) cyfrwng tyfu (eg)
medulla	medwla (eg) craidd, creiddiau (eg)
medullary	medwlaidd (ans) creiddiol (ans)
meiosis	meiosis (eg)
melaena	melaena (eg) tomddu (eb)
melanin	melanin (eg)
melanoma	melanoma (eg)
melt, to (see also 'milt'	ymdoddi (be. cyfl.) toddi (be. anghyfl.)

membrane
  nictitating m.
  (membrana nictitans)
	pilen, -ni (eb)
	pilen nictatol (eb)
	pilen amrannol (eb)

membraneous	pilennog (ans)
Mendelian M. inheritance	Mendelaidd (ans) etifeddiad Mendelaidd (eg)

meningeal	breithellol (ans)
	meningeaidd (ans)
meninges	breithelli (ell)
	pilenni'r ymennydd (ell)
meningitis	breithellwst (eg)
	llid pilenni'r ymennydd (eg)
meningocele	meningocêl (eg)
meniscectomy	codi/trychu'r meniscws (be)
meniscus	meniscws (eg)
mercury	arian byw (eg)
	mercwri (eg)
mesenteric	mesenterig (ans)
mesentery	mesenteri (eg)
m. of pig	y weren fudr (eb)
mesh	masg, -au (eg)/mesgyn (eg bach.)
	llygad rhwyd (eg)
m. size	masgfaint, masgfeintiau (eg)
	(tyllfaint = 'pore size')
mesoderm	mesoderm (eg)
mesodermal	mesodermaidd (ans)
metabolic	metabolaidd (ans)
basal metabolic rate	cyfradd metabolaeth waelodol/sylfaenol (eb
m. profile	proffil metabolaidd (eg)
metabolisable energy (ME)	egni metaboladwy (EM)
metabolism	metabolaeth (eb)

metabolite	metabolyn, -nau (eg)
metacarpal	metacarpaidd (ans)
metacarpus	metacarpws (eg)
metamorphism	trawsffurfedd (eg)
	metamorffedd (eg)
metamorphosis	trawsffurfiad (eg)
	metamorffosis (eg)
metaplasia	metaplasia (eg)
metastasis	metastasis (eg)
	chwaldyfiant (eg)
metastasise, to	metasteiddio (be)
	chwaldyfu (be)
metatarsal	metatarsol (ans)
metatarsus	metatarsws (eg)
meteorology	hinsoddeg (eg)
methaemoglobinaemia	met-haemoglobinemia (eg)
method	dull, -iau (eg)
	modd, -ion (eg)
methylated spirit	gwirod methyl (eg)
(meths)	meths (eg)
metoestrus - see 'oestrus'	
metre	metr, -au (eg)

metritis	metritis (eg)
	llid y famog/groth (eg)
mew, to (cat)	mewian (be)
microbe	microb, -au (eg)
microbial fermentation	eplesiad microbaidd (eg)
microbiology	microbioleg (eg)
microcephaly	microceffali (eg)
micro-organism	micro-organeb, -au (eg)
soil m.	micro-organeb y pridd (eg)
microscope	microsgop (eg)
microwave (oven)	(ffwrn/popty) microdon (eg)
micturate, to	troethi (be)
	piso (be)
micturition	troethiad (eg)
	pisiad (eg)
midbrain	ymennydd canol (eg)
midden	tomen dail, tomenni tail (eb)
middle ear	y glustran ganol (eb)
middlings	eilflawd (eg)
	eilion (ell)
midges	gwybed mân (ell)
	piwiaid (ell)
migrate, to	mudo (be)

migration (adar)	mudiad, -au (eg)
migratory	mudol (ans)
milch-cow	buwch odro, buchod godro (eb)
mildew	llwydni (eg) y gawod lwyd (eb)
miliary	milaraidd (ans) gronynnol (ans)
milk, to	godro (be)
milk	llaeth, -au (eg) llefrith (eg)
buttermilk	llaeth enwyn (eg)
first milk (colostrum, beastings)	llaeth brith/torro/melyn (eg)
fresh m.	ll. ffres/crai (eg)
heat-treated m.	ll. ysgaldanedig (eg)
homogenised m.	ll. unwedd (eg)
pasteurised m.	ll. pasteureiddiedig(eg)
second m.	ll. armel (eg)
skim m.	ll. sgim (eg) ll. glas (eg)
sour m.	ll. sur (eg)
sterilised m.	ll. sterylledig (eg)
UHT m.	ll. uwch-ysgaldanedig (eg)
unprocessed/raw m.	ll. o deth y fuwch (eg) ll. amrwd (eg)
milk clot	ceulad llaeth (eg)
milk and water	glastwr (eg)
milk composition	cyfansoddiad llaeth (eg)

milk fever	y dwymyn laeth (eb)/y clwy llaeth (eg) hypocalsemia (eg)
milk lameness	cloffni llaetha (eg)
milk line	pibell laeth (eb)
milk off the back, to	llaetha oddi ar y cefn (be)
milk products	cynhyrchion llaeth (ell)
milk quota	cwota llaeth, cwotâu llaeth (eg)
milk residues	gweddillion cemegol yn y llaeth (ell)
milk ring test	cylch-brawf ar laeth (eg)
milk recording	cofnodi cynnyrch llaeth (be)
milkspot (liver)	creithwen (afu) (eb)
milk teeth	dannedd sugno (ell)
milk vein	gwythïen laeth (eb)
milk vessels	llestri llaeth (ell)
milk yield	cynnyrch llaeth (eg)
milking capacity	cynyrchallu godro/llaeth
milking parlour	parlwr godro (eg)
milking, the act of	godr(o)ad, -au (eg) e.e. godrad y bore
mill, flour	melin flawd (eb)
millet	miled (eg)

milt/melt	
1 spleen	1 dueg (eb)
2 soft roe	2 bol llaith/lleithban (eg)
mince, to	manfriwio (be)
minced meat	manfriwion (ell)
mineral	mwyn, -au (eg)
	mwynol (ans)
m. deficiency	diffyg(iant) mwynau (eg)
mire	llaid, lleidiau (eg)
miscible	cymysgadwy (ans)
mismothering	camfamaeth (eb)
mist	nydden (eb)
river m.	tarth (eg)
mite	euddonyn, euddon (eg)
	gwiddonyn, gwiddon (eg)
mite-infected	gwiddonllyd (ans)
mitigating circumstances	amgylchiadau lliniarol (ell)
mitosis	mitosis (eg)
mitral	mitrol (ans)
m. regurgitation	ôl-rediad mitrol (eg)
m. stenosis	culhad mitrol (eg)
mixed farm	fferm gymysg (eb)
mixture	
1 state of being mixed	1 cymysgedd (eg)
2 medicine	2 moddion (ell)
	ffisig (eg)

moisture	lleithder (eg)
m. content	cynnwys lleithder (eg)
molar - see 'tooth'	
molasses	molasau (ell)
mole	gwadd, -od/gwahadden, gwahaddod (eb)
	twrch daear, tyrchod daear (eg)
mole drainage	traeniad gwahaddennol (eg)
mole plough	aradr wadd (eb)
	aradr twrch daear (eb)
molehill	twmpath gwadd/twrch daear (eg)
	priddwal (eb)
	pridd y wadd (eg)
Mollusca/molluscs	Mollusca
	molwsgiaid (ell)
	(un = molwsgyn (eg))
molluscicide	molwsgleiddiad (eg)
molybdenum	molybdenwm (eg)
Monday morning disease	
- see 'lymphangitis'	
Monetary Compensatory	Taliadau Cyfadferol/Cydraddoli (ell)
Amount (MCA)	
mongrel	mwngrel, -iaid (eg)
	brithgi, brithgwn (eg)
moniliasis	moniliasis (eg)
monitor, to	hyntnodi (be)

monoculture	unllystyfiant, unllystyfiannau (eg)
	ungnydiant (eg)
monocyte	monoseit, -au (eg)/monocyt, -au (eg)
monocytosis	monoseitosis/monocytosis (eg)
monorchid	ungaill (ans)
monorchism	ungeilledd (eg)
monster	anghenfil, angenfilod (eg)
moon blindness (equine)	lloerddellni (eg)
moor(-land)	rhos, -ydd (eg)
	rhostir, -oedd (eg)
moor-grass, purple	glaswellt y bwla (eg)
(*Molinia caerulea*)	glaswellt y rhostir/gweunydd (eg)
moor-land hay	gwair rhos (eg)
moor-land pasture	porfa rhostir, porfeydd rhostir (eb)
morbid	afiach (ans)
	morbid (ans)
morbidity	afiachedd (eg)
	morbidrwydd (eg)
morphology	morffoleg (eg)
	ffurfyddiaeth (eg)
mortality	marwoldeb (eg)
m. rate	cyfradd marwolaethau (eg)
mortgage	morgais, morgeisi (eg)
to mortgage	morgeisio (be)

mortgagor	morgeisydd (eg)
mortification	marweiddiad (eg)
moss	mwsogl, mwsoglau (eg)
mother, to	mamaethu (be)
motion - see 'faeces'	
motor	
1 anatomy	1 gweithredol/efferol (ans) e.e. nerf weithredol
2 engine	2 modur, -on (eg) peiriant, peiriannau (eg)
mould	
1 fungal	1 llwyd(n)i (eg)
2 form, shape	2 llestr llunio (eg)
moult, to	bwrw plu/croen/henflew (be)
mountain pasture	porfa fynyddig, porfeydd mynyddig (ell)
mounting block	esgynfaen, esgynfeini (eg) carreg farch (eb)
mouse, house (*Mus musculus*)	llygoden (fach), llygod (bach) (eb)
mouse, harvest (*Micromys minutus*)	llygoden yr ŷd (eb)
mouth	ceg, -au (eb) safn, -au (eb) genau, geneuau (eb)
mouth-gag	safnglo (eg)

mouthing (horse)	cegddofi (be)
movement (locomotion)	(ym)symudiad, -au (eg)
Movement of Animals Order (1960)	Gorchymyn Cofnodi Symud Anifeiliaid (1960)
mow (of hay) to mow	tas wair (eb) lladd gwair (be)
mowburned hay	poethwair (eg)

mower
 	
  cutter bar m.
  cylinder m.
  disc m.
  rotary m.
	gweirladdwr (eg)
	peiriant lladd gwair (eg)
	gweirladdwr cyllyll gwastad (eg)
	g. silindr (eg)
	g. disciau (eg)
	troellweirladdwr (eg)

muck out, to	carthu (be)
mucolytic	mwcolytig (ans)
mucosa	mwcosa (eg) pilen ludiog, pilenni gludiog (eb)
mucosal disease	clefyd mwcosaidd (eg)
mucous	mwcaidd (ans) gludiog (ans)

mucus
  m. of oestrus
  m., congealed, of eye
  ('sleep')
	mwcws (eg)
	llys gofyn/oestrws/llys tarw (eg)
	môl/moli (eg)

mud fever (equine)	llid y llaca (eg)

mulch	deunydd lleithgadw (eg)
to mulch	lleithgadw (be)
mule, male	mul, -od (eg)
female	mules, -au (eb)
multigravida	lluosfeichiog (ans)
multiparous	lluosepiliog (ans)
mummification	mwmïaeth (eb)
mummified foetus	ffetws braensych/mallsych (eg)
murmur (heart)	murmur (y galon) (eg)
murrain	clefyd du (eg)
	pla'r gwartheg (eg)
muscle	cyhyr, -au (eg)
	cyhyrol (ans)
m. contraction	cyfangiad cyhyrol (eg)
m. fatigue	lludded cyhyrol (eg)
m. pain	cyhyrwayw (eg)
m. relaxation	ymlaciad cyhyrol (eg)
m., involuntary/smooth	cyhyr anrheoledig/llyfn/anrhesog (eg)
m., striated/skeletal/	
voluntary	cyhyr rhesog/rheoledig (eg)
m., cardiac	cyhyr cardiaidd (eg)
m., extensor	cyhyr(yn) estyn (eg)
m., flexor	cyhyr(yn) plygu (eg)
muscular	cyhyrog (ans)
mushroom	madarchen, madarch (eb)
mustard, white	cedw gwyn (eg)
(*Sinapis alba*)	mwstard (gwyn)

musty	mws (ans)
	hwmllyd (ans)
mutant	cellwyryn (eg)
	mwtanyn (eg)
mutation	cellwyriad, -au (eg)
	mwtaniad, -au (eg)
mute, to	mudaneiddio (be)
	mudanu (be)
mutilate, to	llurgunio (be)
mutilated	llurguniedig (ans)
mutton	cig dafad (eg)
wether m.	cig gwedder (eg)
muzzle	
1 nose/upper lip	1 ffroen, -au (buwch, ceffyl, dafad) (eb)
	trwyn (ci, mochyn) (eg)
2 restrainer	2 mwsel, -i (eg)
	penwar/pennor (eg)
3 of gun	3 safn (dryll) (eb)
	pen (dryll)
to muzzle	mwselu (be)
mycelium	myceliwm, mycelia (eg)
mycology	mycoleg (eb)
mycorrhiza	mycorhisa (eg)
mycosis	mycosis (eg)
	clefyd ffwng (eg)
mycotic abortion	erthylu ffyngol (be)

mydriasis	mydriasis (eg)
	cannwyll rwth (eb)
mydriatic	mydriataidd (ans)
myelin	myelin (eg)
m. sheath	gwain fyelin (eb)
myelinated	myelinedig (ans)
myeloid	myelinaidd (ans)
	meraidd (ans)
m. tissue - see 'marrow'	
myiasis (strike)	cynrhoni (be)
	pryfedu (be)
myocardial	myocardiaidd (ans)
myocarditis	myocarditis (eg)
myocardium	myocardiwm (eg)
myoglobin	myoglobin (eg)
myometrium	mur y groth (eg)
myometritis	llid mur y groth/llestr (eg)
myopathy	cyhyrnam (eg)
	myopathi (eg)
myosin	myosin (eg)
myositis	myositis (eg)
	llid y cyhyrau (eg)
m. ossificans	*myositis ossificans*
myxoedema	mycsoedema (eg)

myxomatosis (rabbit)	mycsomatosis (eg) (cwningod)
Myxomycetes	*Myxomycetes*
Nag	ceffyl dibris (eg)
	hen-gel (eg)

nail
  1 part of foot   1 ewin, -edd (eg/b)
  2 metal nail   2 hoel, hoelion (eb)
  n. bed   byw'r ewin (eg)
  n. binding (shoeing)   hoelwasgedd (eg)
  n. bound   cloffni pedoli (eg)
  n. prick   hoelbigiad (eg)

narcolepsy   narcolepsi (eg)
                     rheidgwsg (eg)
  narcoleptic   narcoleptig (ans)
                     rheidgysgol (ans)

narcosis   narcosis (eg)
                     lletgwsg (eg)

narcotic (drug)   narcosyn (eg)
                     lletgwsgbeiryn (eg)

narcotic (adj.)   narcotig (ans)
                     lletgwsgbeiriol (ans)

nares   ffroen, -au (eb)

nasal   trwynol (ans)
  n. cavity   ceudod trwynol (eg)
  n. (bot) fly   cleren ffroen (defaid), clêr ffroen (eb)
  (*Oestrus ovis*)   (defaid)
  (sheep nostril fly)   pry ffroen, pryfed ffroen (eg)

nasolachrymal (nasolachrimal)	lacrymonasol (ans)
nasopharynx	nasoffaryncs (eg)
natal	genedigol (ans)
National Lists (of seed varieties etc)	Rhestrau Cenedlaethol (ell) (mathau o had(au) etc)
natural selection	detholiad naturiol (eg)
natural service	cyplysu naturiol (be)
nature conservancy	gwarchodfa natur (eb)
Nature Conservancy Council	Cyngor Gwarchod Natur (eg)
nave - see also 'hub'	bŵl, bylau (eg) both, -au (eb) bogel/bogail, bogeiliau (eg)
navel n. cord n. ill (omphalophlebitis)	bogail (eg) llinyn y bogail (eg) clefyd y bogail (eg)
navicular bone n. disease (equine)	asgwrn cychog (eg) clefyd yr asgwrn cychog (eg)
neats' foot oil	olew carnolion (eg)
nebulizer	nuddiadur, -on (eg)
neck n. collar (cowshed) best end of n. middle n. scrag end of n.	gwddf, gyddfau (eg) mwnwgl, mynyglau (eg) aerwy, -on (eg) pen gorau'r gwddf (eg) gwddf canol (eg) sgrag y gwddf (eg) pillgorn (eg)

necrosis	necrosis (eg)
	braenedd (eg)
necrotic	necrotig (ans)
n. stomatitis	stomatitis necrotig (eg)
n. hepatitis	llid necrotig yr afu/iau (eg)
nectar	neithdar, -au (eg)
nectary (organ)	neithdarle, neithdarleoedd (eg)
	neithdarfa, -fâu (eb)
negative	negyddol/negatif (ans)
neigh, to	gweryru (be)
	gwhwrad (be)
nematode (roundworm)	nematôd, nematodau (eg)
	llyngyren fain, llyngyr main (eb)
Nematoda	*Nematoda* (ell)
nematocyst	nematocyst, -au (eg)
neonatal	newydd-anedig (ans)
neonate	newydd-enedigyn (eg)
neoplasm	namdyfiant (eg)
	neoplasm (eg)
neoplastic	neoplastig (ans)
nephrectomy	codi'r aren/elwlen (be)
	neffrectomi (eg)
nephritic	neffritig (ans)

nephritis	arenwst (eg)
	neffritis (eg)
nephron	neffron, -au (eg)
nephrosis	neffrosis (eg)
nephrotic	neffrotig (ans)
nerve	nerf, -au (eb/g)
abducent n.	n. abdwsent (eb)
auditory n.	n. y clyw (eb)
motor n.	n. weithredol (eb)
optic n.	n. optig (eb)
sensory n.	n. synhwyro (eb)
spinal n.	n. yr asgwrn cefn/n. sbinol (eb)
trochlear n.	n. drochlear (eb)
ulnar n. etc	n. elinol a.y.b. (eb)
nerve ending	terfyn nerf (eg)
nerve fibre	edefyn nerf, edefynnau nerf (eg)
	ffibr nerfol (eb)
nerve impulse	ysgogiad nerf, ysgogiadau nerf (eg)
nerve net	nerfrwyd, -au (eb)
nerve root	nerfwreiddyn, nerfwreiddiau (eg)
nervous	
1 physiology	1 nerfol (ans)
2 psychology	2 nerfus (ans)
	ofnus (ans)
nervous conduction	dargludiad nerfol (eg)
nervous system,	cyfundrefn/system nerfol (eb)
central n.s.	cyfundrefn nerfol ganolog (eb)
peripheral n.s.	cyfundrefn nerfol amgantol (eb)

nervous tissue	meinwe nerfol (eg)
nest box	blwch nythu (eg)
nest egg	ffugwy (eg) wy llestr (eg) wy addod (eg)
nesting instinct	greddf nythu (eb)
net	rhwyd, -au (eb)

net (profit etc)
  n. energy value
  n. gain
  n. income
  n. margin
  n. output
	gwir (elw ... etc) (ans)
	gwir gyfwerth egni
	gwir elw (eg)
	gwir incwm (eg)
	gwir ffinled/ffinfwlch (eg)
	gwir gynnyrch (eg)

nettle(s) (*Urtica dioica*)	danadl (dail) poethion (ell)
nettle rash - see 'urticaria'	

neural
  n.arch
  n.tube
  n. transmitter
  n. spine
	newrol (ans)
	bwa newrol, bwâu newrol (eg)
	tiwb newrol (eg)
	trosglwyddyn newrol (eg)
	cnepyn/pigyn newrol (eg)

neuralgia	nerfboen (eb) newralgia (eg)
neurectomy	nerfdrychiad (eg)
neuritis	newritis (eg)
neuroblastoma	newroblastoma (eg)

neurofibroma	newroffibroma (eg)
neurology	newroleg (eb)
neuroma	newroma (eg)
neurone (nerve cell)	newron (eg)
	nerfgell (eb)
afferent n.	newron afferol/mewnddygol (eg)
association n.	n. cysylltiol (eg)
efferent n.	n. efferol/echddygol (eg)
neuropathy	newropathi (eg)
neurosis	newrosis (eg)
neurotic	newrotig (ans)
neutered (spayed)	coten, -nod (eb) (hwch/heffer)
animal - see also	ysbaddyn (eg)
'castrate'	sbeiden (eb)
to neuter	disbaddu (be)
	ysbaddu (be)
	cotio (be)
	torri (be)
neutral	niwtral (ans)
to neutralise	niwtralu (be)
	niwtraleiddio (be)
New Forest disease	clefyd New Forest (eg)
(cattle)	y llygaid afloyw (ell)
(infectious bovine	offthalmia heintus (eg)
kerato-conjunctivitis)	

(New) Forest fly
  (horse ked)
  (*Hippobosca equina*)
	pryfyn y Fforest Newydd (eg)

New York dressed (poultry)	(carcas) ffowlyn heb ei agor (eg)
newborn	newydd-anedig (ans)
Newcastle disease (fowl pest)	clefyd Newcastle (eg) pla'r ieir (eg)
newly calved cow	buwch newydd loia (eb)
nick, to (e.g. with a knife)	rhintachu (be)
nicotinic acid	asid nicotinig (eg)
nictitating membrane	pilen nictatol (eb) pilen amrannol (eb)
night blindness	dallineb nos (eg)
nipple	diden, -nau (eb) blaen y deth (eg)
nit	nedden, nedd (eb) wy llau, wyau llau (eg)
nitrate to nitrate	nitrad, -au (eg) nitradu (be)
nitration	nitradiad (eg)
nitric acid	asid nitrig (eg)
nitrification to nitrify	nitreiddiad (eg) nitreiddio (be)

nitrifying bacteria	bacteria nitreiddio (ell)
nitrite	nitrid, -au (eg)
nitrochalk	nitrogalch (eg)
nitrogen	nitrogen (eg)
n. cycle	cylchred nitrogen (eb)
n. fertilizer	gwrtaith nitrogenaidd (eg)
n. fixation	sefydlogiad nitrogen (eg)
nitrogenous waste (products)	(sylweddau) gwastraff nitrogenaidd (eg)
nocardial mastitis	mastitis nocardiaidd (eg)
nocturnal	nosol (ans)
node	nod, -au (eg)
nodular	nodwlaidd (ans)
	cnepynnaidd (ans)
nodule	nodwl, nodylau (eg)
	cnepyn, -nau (eg)
nomadic	crwydrol (ans)
non-essential amino acid(s)	asid(au) amino dianghenraid (eg)
non-fat solids (SNF)	solidau nad ydynt fraster (SNF) (ell)
non-flowering	anflodeuol (ans)
non-identical (twins)	anunfath (ans)
non-infectious	anheintus (ans)

non-living	anfyw (ans)
non-porous	difandyllog (ans)
noose, running - see also 'twitch'	cwlwm dal/rhedeg (eg) dolen redeg (eb)
Norfolk Four Course Rotation	cylchdro pedwar cnwd (eg) cylchdro Norfolk (eg)
normal distribution	dosraniad normal (eg) (dosbarthiad = classification)
nose n. bag n. barnacle n. bleed (epistaxis)	trwyn, -au (eg) sach fwyta, sachau bwyta (eb) gefail ffroen (eb) trwynwaedlif (eg)
nostril n. fly (sheep)	ffroen, -au (eb) pry ffroen, pryfed ffroen (eg)
notice to quit	rhybudd ymadael (eg)
notifiable disease	clefyd hysbysadwy (eg)
nourishment nourishing	maeth (eg) maethol/maethlon (ans)
noxious weed	chwynnyn niweidiol, chwyn niweidiol (eg)
NSAID (nonsteroidal anti-inflammatory drug)	cyffur gwrthlidus ansteroidaidd (eg)
nuclear n. membrane	niwclear (ans) cnewyllol (ans) pilen niwclear (eb)
nucleated	niwcledig (ans) cnewyllol (ans)

nucleic acid	asid niwclëig (eg)
nucleolar	niwcleolar (ans) is-gnewyllol (ans)
nucleolus	niwcleolws (eg) is-gnewyllyn (eg)
nucleotide	niwcliotid, -au (eg)
nucleus	niwclews, niwcleysau (eg) cnewyllyn, cnewyll (eg)
nullipara/nulliparous	di-epil (ans)
numb(ness) 1 feeling 2 with cold	1 dideimlad (eg) 2 fferdod (eg)
nurse, to	amofalu (be)
nurse cow	buwch sugno (eb)
nurse crop	cnwd cyhudd/gwarchod (eg)
nursery	magwrfa/meithrinfa (eb)
nut 1 fastener 2 fruit 3 pellet (food)	1 nyten, nytiau (eb) 2 cneuen, cnau (eb) 3 peled, -i (dwysfwyd) (eb)
nutrient micronutrient n. jelly	maethyn, -nau (eg) microfaethyn (eg)) jeli meithrin (eg)
nutriment	maeth (eg)

nutrition	
1 science of	1 maetheg/ymbortheg (eg)
2 mode of using food	2 maethiad (eg)
e.g. plant nutrition	e.e. maethiad planhigion
nutritious	maethlon (ans)
nutritive ratio	cymhareb faethol (eb)
nutritive value	gwerth maethol (eg)
nymph	nymff, nymffiaid (eb)
nymphomania	gwylltineb/gorawydd rhywiol (eg)
	gorwasodrwydd (buwch) (eg)
	gorfarchusrwydd (caseg) (eg)
nystagmic	nystagmig (ans)
	llygatgryn (ans)
nystagmus	nystagmws (eg)
	stagma (eg)
Oast house	Odyn hopys (eb)
oat-grass	ceirchwellt (ell)
(*Avenula spp*)	
oats	ceirch (ell) (un = ceirchen (eb))
a single oat (plant)	ceirchyn (eg)
bruised oats	ceirch ysig (ell)
flaked oats	creision ceirch (ell)
oatmeal	blawd ceirch (eg)
obese	gordew (ans)
	corffog (ans)

obesity	gordewdra (eg)
	corffogrwydd (eg)
obligate (bacteria etc)	caethgynefin (ans)
observation	arsylw, -adau (eg)
to make observations	... cynnig sylwadau ar ...
on...	
observe, to	arsylwi (be)
	sylwi ar (be)
	nodi (be)
observe, to (with	arsyllu (be)
microscope)	
obstetric	obstetrig (ans)
obstetrics	obstetreg (eb)
obstruction	ataliad, -au (eg)
site of o.	atalfa, atalfeydd (eb)
obturator	obtwrator (eg)
occipito-	ocsipito-
occipital	ocsipitol (ans)
	gwegilol (ans)
occiput	ocsipwt (eg)
	gwegil, -au (eb/g)
occlusal (teeth)	(dannedd) cywir-gyffwrdd (ans)
occlusion	cyfyngiad, -au (eg)

occlusor muscle	cyhyr cau (eg)
occult (blood)	(gwaed) cudd (ans)
Occupation Licence	Trwydded Meddiannaeth (eb)
occupational e.g. o. disease	galwedigaethol (ans) e.e. afiechyd galwedigaethol (eg)
occupier	preswyliwr, preswylwyr (eg)
octane	octân (eg)
ocular	llygadol (ans) ocwlar (ans)
oculomotor	ocwlomotor (ans)
odontoid o. process	deintffurf (ans) cambwl deintffurf (eg)

odour (e.g. in meat
  inspection)
 	
  offensive o.
	arogl, -au (eg)
	tawch (eg)
	gwynt (eg)
	drycsawr (eg)
	drewdod (eg)

odourless	diarogl (ans)
oedema o. disease	oedema (eg) dyfrchwydd (eg) clefyd dyfrchwydd (eg)
oesophageal	oesoffagaidd (ans) sefnigol (ans)
oesophagitis	oesoffagitis (eg)

oesophagus	oesoffagws (eg)
	sefnig (eg)
oestrogen	oestrogen, -au (eg)
oestrous cycle	cylchred oestrws (eb)
oestrus (heat)	oestrws (eg)
	gwres rhywiol (eg)
	yn gofyn...
	awydd cyplysu
dioestrus	cyfnod rhyngwres (eg)
metoestrus	metoestrws (eg)
	cyfnod olwres (eg)
of bitch	poeth (ans)
	twym (ans)
	cynhaig (ans)
of cat	cwrcatha (be)
	cathderig (ans)
of cow/heifer	gwasod (ans)
	tarwa (be)
of deer	cyllaig (eg)
of mare/filly	marchus (ans)
	gofyn (be)
of sow/gilt	llodig (ans)
	llawd (ans)
of sheep	hwrdda (be)
	maharenna (be)
oestrus detection	datgeliad oestrws (eg)
o. detector	datgelydd o. (eg)
offal (fifth quarter)	gweddillion lladd-dy (ell)
green o.	gweddillion gwyrdd (perfeddion) (ell)
	syrthion (ell)
red o.	gweddillion coch (ysgyfaint, afu, calon, dueg)
offal, millers	gweddillion melinydd (ell)

offence	trosedd, -au (eg/b)
offgoing/outgoing crop	cnwd ymadawol (eg)
offical inspection	archwiliad swyddogol (eg)
offspring to bear o. (e.g. cow)	epil, -iaid (eg) alu (be)

oil
  castor o.
  crude o.
  heavy o.
  light o.
  linseed o.
  maize/corn o.
  middle o.
  rape (seed) o.
  vegetable o.
	olew, -au (eg)
	o. castor (eg)
	o. crai (eg)
	o. trwchus (eg)
	o. tenau (eg)
	o. had llin (eg)
	o. corn/indrawn (eg)
	o. canol (eg)
	o. had rêp (eg)
	o. llysiau (eg)

oil immersion objective	gwrthrychiadur mewn olew (eg)
oily	olewog (ans) olewaidd (ans)
ointment	eli, elïoedd (eg) ennaint (eg)
olfactory o. lobe	arogleuol (ans) (y) llabed arogleuol (eb)
oligaemia	oligemia (eg) prinder gwaed (eg)
oligaemic	oligemig (ans)
oliguria	oligwria (eg) troethbrinder (eg)

omasum	omaswm (eg)
(3rd stomach)	y god fach (eb)
omental	omentol (ans)
omentopexy	sefydlogi'r ffedog/omentwm (be)
omentum	ffedog (fraster), -au (braster) (eb)
	omentwm (eg)
omnivore	hollysydd, -ion (eg)
omnivorous	hollysol (ans)
omphalitis	llid y bogail (eg)
	bogeilwst (eg)
omphalophlebitis - see	
'navel ill'	
on heat - see 'oestrus'	
once grown (seed)	had cnwd cyntaf (etf)
onion fly	pryf wynwyn/nionod (eg)
onychia	llid yr ewinedd (eg)
oocyte	öocyt, -au (eg)
	wygell, -oedd (eb)
oocyst	öocyst, -au (eg)
	codenwy (eb)
oospore	öosbor, öosborau (eg)
ooze	diferiad (eg)
to ooze	diferu (be)

opaque	afloyw (ans)
o. cornea	cornbilen afloyw (eb)
open cowshed (topless)	beudy di-do (eg)
open plan	cynllun agored (eg)
operate, to	
1 surgical	1 llawfeddygu (be)
2 service	2 gweithredu (be)
operating costs	costau gweithredu (ell)
operation	
1 action	1 gweithrediad (eg)
2 surgical	2 triniaeth lawfeddygol (eb)
operator	gweithredwr, -wyr (eg)
ophthalmia	llid y llygad (eg)
	llygadwst (eg)
ophthalmology	offthalmoleg (eb)
ophthalmoscope	offthalmosgôp (eg)
opisthotonus	opisthotonws (eg)
optic nerve	nerf optig (eb)
o. lobe	llabed optig (eb/g)
optimal	optimaidd (ans)
	goreuol (ans)
optimum	optimwm (eg)
	goreuwedd (eg)
option	hawlddewis (eg)

oral	geneuol (ans)
o. cavity	ceudod geneuol (eg)
o. contraceptive	pilsen wrth-genhedlol (eb)
orbit	crau'r llygad, creuau'r llygad (eg)
	pwll y llygad (eg)
	soced, -au (eg)
orbital	creuol (ans)
	socedol (ans)
	orbitol (ans)
o. sinus - see 'frontal sinus'	
orchard	perllan, -nau (eb)
orchidectomy - see 'castration'	
orchitis	orcitis (eg)
	llid y ceilliau (eg)
	ceillwst (eg)
Order (taxonomy)	Urdd, -au (eb)
order	
1 arrangement	1 trefn, -au (eb)
2 command	2 gorchymyn, gorchmynion (eg)
3 request	3 archeb, -ion (eb)
Oregon muscle disease (degenerative myopathy)	clefyd Oregon (dofednod) (eg)
orf (contagious pustular dermatitis)	crachau'r traed a'r genau (ell)
	orff (eg)
	dermatitis llinorog cyhyrddiadol (eg)
organ	organ, -au (eg)

organic	organig (ans) e.e. deunydd organig
organism	organeb, -au (eb)
organophosphorus (compound)	(cyfansoddyn) organoffosfforaidd (ans)
orifice	twll, tyllau (eg) agorfa (eb)
origin	tarddiad (eg)
point of o. (muscle)	tarddle, -oedd (eg) tarddfan, -nau (eg)
originate, to	tarddu (be)
ornithological	adaryddol (ans)
ornithologist	adarydd, -ion (eg)
ornithology	adareg (eb)
orthopaedic	orthopedig (ans)
orthopaedics	orthopedeg (eb)
os cordis (cow)	asgwrn y galon (eg)
os penis (dog)	asgwrn y pidyn (eg)
os rostri (pig)	asgwrn y trwyn (eg)
osmosis	osmosis (eg)
ossicle	esgyrnyn, -nau (eg)
ossification	esgyrneiddiad (eg)

ossify, to	esgyrneiddio (be)
osteitis	osteitis (eg)
	esgyrnwst (eg)
osteoarthritis	osteoarthritis (eg)
rheumatoid o.	osteoarthritis gwynegol (eg)
osteochondritis (dissicans)	osteocondritis (dissicans)(eg)
osteochondroma	osteocondroma (eg)
osteochondromatosis	osteocondromatosis (eg)
osteoclasis/osteoclasia	osteoclasis (eg)
osteoclastoma	osteoclastoma (eg)
osteodystrophy	camdyfiant esgyrnaidd (eg)
	osteodystroffi (eg)
osteogenesis imperfecta	*osteogenesis imperfecta*
osteogenic	osteogenig (ans)
o. sarcoma	sarcoma osteogenig (eg)
osteoma	osteoma, osteomâu (eg)
osteomalacia	esgyrnfeddaledd (eg)
	osteomalacia (eg)
osteomyelitis	osteomyelitis (eg)
osteopetrosis	osteopetrosis (eg)
(marble-bone disease)	
osteoporosis	osteoporosis (eg)
osteosclerosis	osteosglerosis (eg)

osteotomy	osteotomi (eg)
otitis media	llid/pigyn y glustran ganol (eg) *otitis media*
otitis externa	llid y glustran allanol (eg)
otodectic mange (ear mange – see 'mange')	
otorrhoea	clustlif (eg) otoroea (eg)
ounce	owns, -iau (eg)
outbreak (of disease)	ymddangosiad (eg) brigiant (eg)
outbreed – (see 'cross breed')	
outcrop	brigiad, -au (eg) cripell (eb)
outflow	all-lif(eiriant) (eg)

outgoing
  o. expenses
  o. tenant
	ymadawol (ans)
	treuliau ymadawol (ell)
	deiliad ymadawol (eg)

outlet
  1 commerce
  2 topography
	1 marchnad, -oedd (eb)
	2 allfan, -nau (eb)

outlier/outler	alldrigyn (eg)
outline diagram	diagram amlinellol (eg)
outlying (fields)	(caeau) pellaf/pellennig (ans)

output	allbwn (eg)
	allgyrch (eg)
outrun (hill farming)	arhosfa, -feydd (eb)
	libert/libart (eg/b)
	cynefin, -oedd (eg)
to outrun	arosfeio (be)
outwinter, to	allaeafu (be)
ovarian	wyfaol (ans)
	ofaraidd (ans)
ovariectomy (oophorectomy) - see 'neuter'	
ovariohysterectomy	crothwyfa-drychiad (eg)
ovary	wyfa, wyfâu (eb)
	ofari, ofarïau (eg)
ovate	wylun/wyffurf (ans)
oven-ready	parod-i'r-ffwrn/popty (ans)
	cogbarod (ans)
overall (garment)	troswisg, -oedd (eb)
o. (responsibility)	(cyfrifoldeb) llwyr (ans)
overgraze, to	gorbori (be)
overlie, to	llethu (be)
overload, to	gorlwytho (be)
over-reaching (equine)	gorcham (eg)
	carnymorddiwes (eg/b)
to over-reach	gorchamu (be)

oversecretion	gorsecretiad (eg)
	gor-riniad (eg)
overshot	
1 mouth	1 (gên) estynnol (ans)
2 wheel	2 (rhod) uchyrrol (ans)
overstocked	gorddwysedd anifeiliaid (eg)
o. udder	cadair orlawn (eb)/pwrs gorlawn (eg)
overtime	goramser (eg)
ovicidal	wyleiddiol (ans)
oviduct	dwythell wyau (eb)
ovine	yn ymwneud â defaid/defeidiog (ans)
o. keratoconjunctivitis	heintlid y gyfbilen (eg)
(pink eye; heather	ceratogyfbilenwst (eg)
blindness)	
oviparous	dodwyol (ans)
	ofiparol (ans)
ovipositor	wyddodydd, -ion (eg)
	ofipositor (eg)
ovulate, to	bwrw wy (be)
	wyadu (be)
ovulation	ofwliad (eg)
	wyadiad (eg)
ovule (plant)	ofwl, ofylau (eg)
ovum	wy, -au (eg)
	ofwm, ofa (eg)

owner-occupier	perchen-breswyliwr (eg)
ox, -en	ych, -en (eg)
o. on left in ploughing	gwelltor, -ion (eg)
o. on right in ploughing	rhychor, -ion (eg)
oxalic acid	asid ocsalig (eg)
oxalate poisoning	gwenwyno gan ocsalad
oxidation	ocsidiad, -au (eg)
oxidize, to	ocsidio (be)
oxidized	ocsidiedig (ans)
oxidizing agent	cyfrwng ocsidio (eg)
oxide	ocsid, -au (eg)
oxyacetylene	ocsi-asetylen (eg)
oxy -	ocsi -
oxygen	ocsigen (eg)
oxygenate, to	ocsigenu (be)
oxygenated blood	gwaed ocsigenedig (eg)
oxygenation	ocsigeniad (eg)
oxyhaemoglobin	ocsihaemoglobin (eg)
oxytocin	ocsitosin (eg)
ozaena	osaena (eg)
ozone	osôn (eg)

Pace, to (a horse)	ochrduthio (be)
	cysongamu (be)
pacemaker (heart)	rheoliadur (eg)
pacer (equine)	ochrduthydd (eg)
pachydermia	croendewedd (eg)
pachyglossia	tafod-dewedd (eg)
Pacinian corpuscle/body	corffilyn Pacini (eg)
pack	sypyn, -nau (eg)
p. of dogs	haid o gwn (eb)
packing station	canolfan bacio (eb)
paddock	padog, -au (eg)
	cotel, -au (eb)
	crofft, -ydd (eb)
	marchgae (eg)
padlock	clo clwt/clep (eg)
	clo egwyd (eg)
pail	bwced, -i (eg)
milking p.	bwced/piser godro (eg)
	ystwc odro (eg)
	cunnog, cunogau (eb)
pain	poen, -au (eg/b)
	gwayw (eg) (yn y bol)
pain receptor	derbynnydd poen, derbynyddion poen (eg)
painful	poenus (ans)
	dolurus (ans)

pair, to	cymheirio (be)
palamino - see 'horse colours'	
palatability	blasusrwydd (eg)
palatable	blasusaidd (ans)
palatal	taflodol (ans)

palate
  cleft p.
  hard p.
  soft p.
	taflod, -ydd (y genau) (eb)
	taflod hollt/taflod dor (eb)
	taflod galed (eb)
	taflod feddal (eb)

palato-alveolar	taflod-orfannol (ans)
pale	gwelw (ans) llwyd(aidd) (ans)
pale soft exudative muscle (PSE)	cig gwelw, meddal, dyfrllyd (eg)
pallet	llwyfan llwytho (eg)
palliative	lliniarydd (eg)
pallid	piglwyd (ans) llwyd(aidd) (ans) gwelw (ans)
palm oil	olew'r palmwydd (eg)
palmar	palmar (ans) ymwneud â'r goes flaen
palpate, to	bysarchwilio (be)

palpation	bysarchwiliad (eg)
palpitation	gorguriad, -au (eg)
	dychlamiad, -au (eg)
palsy - see 'paralysis'	
pancarditis	pancarditis (eg)
pancreas (sweetbread)	cefndedyn (eg)
	pancreas (eg)
pancreatic duct	dwythell y cefndedyn (eb)
	dwythell bancreatig (eb)
pancreatitis	llid y cefndedyn (eg)
	pancreatitis (eg)
pandemic	pandemig (eg/ans)
panel	panel, -i (eg)
pannage	mesfraint, mesfreintiau (eb)
	hawldal pori (eg)

pannus
  1 chronic superficial keratitis — 1 llid y gornbilen (eg)
  2 inflammatory joint exudate — 2 llid y cymalau (eg)

panophthalmitis	panoffthalmitis (eg)
pant, to	dyheu/dyhefod (be)
	llyfedu (am gi) (be)
	bod yn fyr ei (g)wynt/(h)anadl
panting	dyhead (eg)
	byr ei (g)wynt
	llyfedad (eg)

papilla	papila, papilâu (eg)
papillary	papilaidd (ans)
	tethennol (ans)
	didennol (ans)
papilloedema	chwyddi'r papila optig (eg)
	papiloedema (eg)
papilloma	papiloma, papilomâu (eg)
papule	ploryn, -nod (eg)
	tosyn, tosau (eg)
paracentesis	paracentesis (eg)
paradental/periodontal disease	llid y gorcharfanau (eg)
paraesthesia - see 'hypersensitivity'	
paraffin	paraffin (eg)
paralysed	parlysedig (ans)
paralysis	parlys, -au (eg)
paralytic	parlysol (ans)
paraparesis	paraparesis (eg)
paraplegia	paraplegia (eg)
parasite	parasit, parasitiaid (eg)
parasitic	parasitig (ans)
parasympathetic	parasympathetig (ans)

parathyroid	parathyroid (eg)
parched (land)	(tir) cringras/crasboeth (eg)
pare, to	torri/naddu (carn) (be)
parenchyma	parencyma (eg)

parentage
  of sire
  of dam
	rhieiniaeth (eg)
	tadogaeth (eb)
	mamogaeth (eb)

parenteral	anghegol (ans) heb fod trwy'r geg
paresis	paresis (eg)
parietal	parwydol (ans)
paronychia	paronychia (eg) llid bôn yr ewin (eg)

parotid
  p. duct
 	
  p. gland
	parotid (ans)
	y ddwythell barotid (eb)
	dwythell y parotid (eb)
	y chwarren barotid (eb)

parotitis	parotitis (eg) llid y parotid (eg)
paroxysm	ffit, -iau (eb) pangfa, pangfeydd (eb) dirboen, -au (eb/g)
parrot mouth(ed)	byr-ên (eb) safn mochyn (eb)
parsley (*Petroselinum crispum*)	persli (eg)

parsnip (*Pastinaca sativa*)	panasen, pannas (eb)
particle	gronyn, -nau (eg)
partition	pared (eg) palis (eg)
in cowshed	cefngor (eg)
parturient paresis - see 'milk fever'	
parturition	esgoriad, -au (eg) âl, alau (eb) (am fuwch) llydnad (eg)
to calve	lloia (be) bwrw llo (be)
to farrow	mocha (be)
to foal	llydnu (be) bwrw ebol (be)
to kid	bwrw myn (be)
to kitten	bwrw cenaw (be)
to lamb	wyna (be) bwrw oen (be)
to whelp	cenawa (be) bwrw cenaw (be)
parvovirus	parfofirws (eg)
passage (anat.) back p. - see 'rectum'	dwythell, -au (eb)
passive	goddefol (ans)
passive immunity	imwnedd derbyn (eg)
paste	past (eg)

pastern	meilwng, meilyngau (eg)
p. joint	cymal y meilwng (eg)
pasteurisation	pasteureiddiad (eg)
pasteurise, to	pasteureiddio (be)
pasture	tir pori (eg)
	porfa (eb)
patella	padell pen-glin (eb)
	afal y gar (eg)
	padelleg (eb)
patellar	padellog (ans)
patency (anatomy)	agoredd (eg)
patent medicine	moddion parod/siop (ell)
pathogen	pathogen, -au (eg)
pathogenic	pathogenaidd (ans)
pathological	patholegol (ans)
pathology	patholeg (eb)
patient	claf, cleifion (eg)
paunch - see 'rumen'	
paw	pawen, -nau (eb)
to paw (horse etc)	ceibio (be)
payment, deficiency	tâl diffygiad, taliadau diffygiad (eg)
payment, differential	gwahandal, gwahandaliadau (eg)
payment, headage	pendal, -oedd (eg)

peacock/p.hen	paun (eg)/peunes (eb), peunod
peasant	gwerinwr, gwerinwyr (eg)
	gwladwr, -wyr (eg)
peat	mawn (ell)
piece of p.	mawnen (eb)
peat bog	cors fawn, corsydd mawn (eb)
	mawnog, -ydd (eb)
peaty land	tir mawnog (eg)
	mawndir (eg)
peck (2 gallons)	pec (eg)
peck, to	pigo (be)
	cnocellu (be)
peck(ing) order	trefn blaenoriaeth (ieir) (eb)
pectoral fin	asgell bectorol, esgyll pectorol (eb)
p. girdle	gwregys pectorol, gwregysau pectorol (eg)
pedal bone (3rd phalanx)	asgwrn mawr y carn (eg)
pedal ostitis	enynfa asgwrn y carn (au) (eb)
pediculosis	lleuglwyf (eg)
	pedicwlosis (eg)
pedigree	llinach, -au (eb)
	tras, trasau (eb)
p. bull	tarw o dras (eg)
pedology	priddeg (eg/b)
peduncle	pedwncl, pedynclau (eg)

pedunculate	pedynclaidd (ans)
pellagra	pelagra (eg) diffyg asid nicotinig (eg)

pellet
  1 food
  2 gun
	
	1 peled, -i (eg)
	2 haelsen, haels (eb)

pelleted seed	had peledol (ell)
pellicle	peligl, peliglau (eg) allbilen (eb)

pelt
  1 to skin
  2 to throw
	croen anifail (eg)
	1 blingo (be)
	2 taflu (be)
	  pelto (be)

pelvic cavity	ceudod pelfig (eg) isgeudod (eg)
pelvic girdle	gwregys pelfig (eg)
pelvis (bone)	pelfis (eg)
pemphigus	pemffigws (eg)
pen	lloc, -iau (eg) ffald, -au (eb) crut, -iau (eg)
farrowing p. mating p.	esgorfa'r hwch (eb) lloc cymharu/paru (eg)
pen (feather)	cwilsyn, -nau (eg)
pendulous (crop)	(crombil) crog/hongiedig (ans)
penetrate, to	treiddio (be)

penetrance (genetics)	treiddiant (eg)
penetration	treiddiad, -au (eg)
penicillin	penisilin (eg)
penile	pidynnol (ans)
penis	pidyn (ci/ceffyl) (eg)
	gwialen (baedd/tarw/hwrdd) (eb)
	castr (castal) (march) (eg)
p. sheath	gwain y pidyn (eb)
People's Dispensary for Sick Animals (PDSA)	Gwasanaeth Milfeddygol Elusennol (eg)
peptic	peptig (ans)
peptide	peptid, -au (eg)
per os - see also 'oral'	trwy'r geg
percentage	canran, -nau (eg)
	hyn a hyn y cant (e.e. ugain y cant = 20%
perch	
1 perching bar	1 esgynbren, -nau (eg)
	clwyd, -i (eb)
2 measure	2 perc, i (eg)
3 fish	3 draenogyn, draenogod (eg)
to perch	clwydo (be)
percolate, to	trylifo (be)
percussion	taro ar y frest/bol (be)
perennial	lluosflwydd (ans)
p. rye grass (*Lolium perenne*)	rhygwellt lluosflwydd (eg)

perennial flower	blodyn lluosflwydd (eg)
perforate, to	trydyllu (be)
perforated	trydyllog (ans)
perforation of an ulcer	trydylliad, -au (eg) ymrwygiad (eg)
performance p. testing	gweithrediad (eg) gwerthuso (be)
perfuse, to	darlifo (be)
perfusion	darlifiad, -au (eg)
peri-	peri-, am-, (o) gylch
perianal	cylchanol (ans)
pericardial (cavity)	(ceudod) pericardiol (ans) amgalonnol (ans)
pericarditis	llid y pericardiwm (eg)
pericardium	pericardiwm (eg)
perigynous (bot.)	perigynaidd (ans) cylchffrwythog (ans)
perinatal	amenedigol (ans)
perineal	gwerddyrol (ans)
perineum	gwerddyr (eb)
periodic	cyfnodol (ans)

periodic ophthalmia (moon blindness)	lloer-ddellni (ceffylau) (eg)
periople	periopl (eg)
	amgarn (eg)
periosteum	esgyrngroen (eg)
periostitis	periostitis (eg)
	esgyrngroenwst (eg)
peripheral	amgantol (ans)
	ymylol (ans)
	ffiniol (ans)
p. vasoconstrictor	fasgulydd amgantol (eg)
p. vasodilator	fasledydd amgantol (eg)
p. vascular resistance	gwrthiant fasgwlar/gwaedbibellol amgantol (eg)
peristalsis	peristalsis (eg)
	gwringhelliad (eg)
peristaltic	peristaltig (ans)
	gwringhellog (ans)
peritoneal	perfeddlennol (ans)
	peritoneaidd (ans)
peritoneum	perfeddlen, -ni (eb)
	peritonewm (eg)
peritonitis	llid y berfeddlen (eg)
	peritonitis (eg)
permanent (pasture)	tir gwndwn/gwyndwn (eg)
	tir hirlas (eg)

permanent wilting percentage	lleithder gwywol (eg)
permeable	athraidd (ans)
permeable membrane	pilen athraidd (eb)
permeability	athreiddedd (eg)
permission	caniatâd, -au (eg)
permit to permit	hawlen, -ni(eb) caniatáu (be)
pernicious	dinistriol (ans)
perosis	perosis (eg)
perry	gellyglyn (eg)
perspiration (sweat) process of p.	chwys (eg) chwysiad, -au (eg/b)
perspire, to	chwysu (be)
Perthes' disease	clefyd Perthes (eg)
Peruvian guano	gùano Periw (eg) adardail (eg)
pessary	gwrthlidydd y groth (eg) crothateg (eb)
pest	pla, plâu (eg)
pesticide	plaleiddiad, plaleiddiaid (eg)
pestle and mortar to grind in a p.a.m.	pestl a mortar malu mewn p.a.m.

pet	anifail anwes (eg)
petal	petal, petalau (eg)
petroleum	petrolew/petroliwm (eg)
pH-meter	pH-iadur (eg)
phagocyte	ffagoseit, -au (eg) ffagocyt, -au (eg)
phagocytic	ffagoseitig (ans) ffagocytig (ans)
phalanx	ffalancs, ffalancsau (eg)
phallus (bird)	pidyn (aderyn) (eg)
pharmaceutical	fferyllol (ans)
pharmacist	fferyllydd (eg)
pharmacopoeia	pharmacopoeia (eg)

pharmacy
  1 dispensary
  2 science of
	
	1 fferyllfa, fferyllfeydd (eb)
	2 fferylleg (eb/g)

pharyngeal p. cavity	ffaryngeal (ans) uwchlyncol (ans) ceudod y ffaryncs (eg)
pharyngitis	llid y ffaryncs/llwnc (eg)
pharynx	ffaryncs (eg) y llwnc (eg)
phenol	ffenol (eg)

phenolic	ffenolig (ans)
phenolphthalein	ffenolffthalein (eg)
phenotype	ffenoteip, -iau (eg)
pheromone	fferomon, fferomonau (eg)
phimosis	ffimosis (eg) ymgulhad gwain y pidyn (eg)
phlebitis	gwythïenwst (eg) fflebitis (eg)
phlebotomy	gwythïendrychiad (eg)
phlegm	crachboer (eg) fflêm (eb/g)
phobia	ffobia (eg) gorofn (eg)
phosphate	ffosffad, ffosffadau (eg)
phosphorescence	ffosfforesgedd (eg)
phosphorescent	ffosfforesgol (ans)
photophobia	ffotoffobia (eg) (ofn golau)
photosensitivity	ffotosensitifedd (eg)
photosynthesis	ffotosynthesis (eg)
phrenic	ffrenig (ans) llengigol (ans)
phthiriasis	lleuglwyf (eg)

phthisis	darfodedigaeth (eg)
	y dic(i)áu (eg)
	twbercwlosis (eg)
phylum	ffylwm, ffyla (eg)
physic ball	pelen/bolen feddyginiaethol (eb)
physiological	ffisiolegol (ans)
physiological saline	heli ffisiolegol (eg)
physiology	ffisioleg (eb)
physiotherapy	ffisiotherapi (eg)
pia mater	pia mater
pica	pica (eg)
	gŵyrchwant (eg)
pick axe	picas, -au (eg)
pick-up attachment	teclyn casglu (eg)
p-u baler	byrnwr casglu (eg)
picked-up nail	pigiad hoelen (eg)
pickle, to	piclo (be)
piebald - see 'horse colours'	
piece work	gweithdal (eg)
pierce, to	trywanu (be)
	gwanu (be)

pig	mochyn, moch (eg)
boar p.	baedd, -od (eg)
bacon p.	mochyn halltu (eg)
breeding p.	mochyn magu (eg)
cutter p.	mochyn torri (eg)
gilt p.	banwes/hesbinwch (eb)
hog p.	twrch, tyrchod (eg)
	mochyn disbaidd (eg)
pork p.	porcyn (eg)
ruptured p.	mochyn pyrsog (eg)
sow	hwch, hychod (eb)
stag p.	adfaedd (eg)
suckling p./piglet	porchell, perchyll (eg)
weaner p.	mochyn sugno/diddyfnedig (eg)
pig pox	brech y moch (eb)
pig run	ffranc/ffronc, -au (eb)
pig swill - see 'swill'	
pigeon, wood/wild	ysguthan, -od (eb)
racing p.	colomen, -od (eb)
piggery	mochfa, mochfeydd (eb)
piglet	porchell (an), perchyll (eg)
pigment	pigment, -au (eg)
pigmentation	pigmentiad (eg)
to pigment	pigmentu (be)
pigsty	cwt/twlc mochyn (eg)
pill	pilsen, -ni (eb)
pimple	ploryn, plorod (eg)
	tosyn, tosau (eg)

259

pinbone	iliwm (eg)
	asgwrn y pelfis (eg)
pine	
1 trees	1 pinwydden, pinwydd (eb)
2 disease of sheep	2 dihoenedd (eg)
to pine	hiraethu (be)
	edwino (be)
	nychu (be)
pineal (body)	y corffyn pineol (eg)
pink-eye disease - see	
'New Forest disease'	
pinna	pinna, pinnau (eg)
pinworm	pinlyngyren, pinlyngyr (eb)
piroplasmosis	dŵr coch (eg)
(red water)	piso gwaed (eg)
pitch pole	polyn codi gwair (eg)
pitchfork	picfforch, picffyrch (eb)
	picwarch, -au (eb)
pith-rod (abattoir)	rhoden lladd-dy (eb)
pituitary (gland)	y chwarren bitwidol, chwarennau
	pitwidol (eb)
pityriasis	pityriasis (eg)
pivot joint	cymal pifod/cylchdroi (eg)
placebo	placebo (eg)

placenta	brych, -od (eg)
	y garw, geirw (eg)
	gwisg, -oedd (eb)
	placenta (eg)
retained p.	dal ei brych (eg)
	heb fwrw ei brych
placenta praevia	*placenta praevia*
	blaenfrych (eg)
placental	brychol (ans)
	placentol (ans)
plague	pla, plâu (eg)
	haint y nodau (eb)
plait, to	
1 braid	1 plethu (be)
2 gait	2 plethgamu (be)
plankton	plancton (eg)
plant	planhigyn, planhigion (eg)
plantar	plantar (ans)
	ymwneud â'r goes ôl,
p. cushion - see 'digital cushion'	
plantation	planhigfa, planigfeydd (eb)
plash, to (a hedge)	plygu perth/gwrych (be)
	bidio (be)
plasma	plasma (eg)
plasma membrane	pilen blasmaidd, pilennau plasmaidd (eb)
plaster	cymrwd, cymrydau (eg)
p. of Paris	plastr Paris (eg)

261

plaster, sticking	plastr gludiog (eg)
plastic	plastig (ans)
p. surgery	llawfeddygaeth blastig (eb)
plasticity	plastigrwydd (eg)
platelet (blood)	platen, -nau (eg)
	thrombocyt, -au (eg)
	thromboseit, -iau (eg)
pleach, to	bangori (be)
plethora	gormodedd (eg)
plethoric	gwritgoch (ans)
pleura	eisbilen, -nau (eb)
	pilen yr ysgyfaint (eb)
pleural	eisbilennol (ans)
	plewrol (ans)
pleurisy	eisglwyf (eg)
	plewrisi (eg)
pleuritic	plewritig (ans)
pleuritis	eisbilenwst (eg)
	plewritis (eg)
pleurodynia	eisboen (eg)
	plewrodynia (eg)
plexus	rhwydwaith, rhwydweithiau (eg)
pliability	hyblygedd (eg)

plot (of land)	clwt, clytiau (eg)
	talwrn, talyrnau (eg)
	plot, -iau (eg)
plough	aradr, erydr (eg/b)
	gwŷdd, gwyddion (eg)
parts of plough:	
beam	arnodd (eg/b)
boat, furrow	cwch cwys, cychod cwys (eg)
breast - see 'mould board'	
breast stay	cebyst(r), -au (eg)
nose of breast stay	penlle (eg)
coulter	cwlltwr, cylltyrau (eg)
skim coulter	sgimar (eg)
	swch wrychennu (eb)
coulter clip	gwarllost, -au (eb)
cutter	y gyllell (eb)
fix (chain)	tid, -au (eg)
frame	ffram yr aradr (eb)
hake head (quadrant head)	clust (eb)
handle	haeddel, -i (eb)
handle tip/tail	corn/dwrn yr aradr (eg)
handle stay/brace	gwerthyd, -oedd (eb)
heel	sawdl (eg/b)
mouldboard (breast)	ystyllen bridd (eb)
	brân (eb)
	castin (eg/b)
share	swch, sychau (eb)
sharewing	adain y swch (eb)
side cap (landside)	ochr yr aradr (eb)
slade (sole)	gwadn (eg)
	clocsen aradr (eb)
swing plough	aradr rydd, erydr rhyddion (eb)
wheel plough	aradr olwynog (eb)
furrow wheel	olwyn gwys (eb)
land wheel	olwyn y tir (eb)
whippletree	cambren, -ni (eb)
	tinbren, -ni (eb)

plough sick	gorardd-dir (eg)
plough team	gwedd, -oedd (eb)
ploughman	aradwr, aradwyr (eg) arddwr, arddwyr (eg)
ploughpan	padelldir (eg)
plough-staff	carthbren, ni (eg)
plumage	plu (ell)
plumule	cyneginyn, cynegin (eg)
pneumo -	niwmo -
pneumatic	niwmatig (ans)
pneumonia	niwmonia (eg) llid yr ysgyfaint (eg)
pneumotaxis	niwmotacsis (eg)
pneumothorax	gwyntafell, -au (eb) niwmothoracs (eg)
poach, to to poach land	herwhela (be) potsio (be) ffagio (be) sathru (be) stablan (tir) (be)
poached land	tir sathr/damsang (eg)
pocket (of land)	darn o dir (eg)
pod	cib, -au (eg) masgl, masglau (eg) plisgyn, plisg (eg)

podsol	podsol (eg)
poikilothermic(al)	poicilothermig (ans)
point of attachment (ligament)	cydfan (gewyn), cydfannau (eg)
point of insertion (of muscle)	mewnfan (cyhyr), mewnfannau (eg)
point of lay	(cywen(nod)) ar fin dodwy (ell) minddodwyol (ans)
point of origin (muscle)	tarddle, tarddleoedd (cyhyr) (eg)
points (of an animal)	nodweddion (ell) nodau (ell)
poison poisoning	gwenwyn, -au (eg) gwenwyniad (eg)
poisonous	gwenwynig (ans)
pole 1 post 2 measure	1 polyn, polion (eg) stanc, -iau (eg) 2 pôl (eg)
pole axe	morthwyl lladd-dy (eg)
polecat	ffwlbart, -iaid (eg)
poll p. cow p. evil (horse)	gwegil, -au (eg) moelen (eb) clefyd y gwegil (eg)
poll tax	treth y pen (eb)
pollard (of tree)	tocbren (eg)

pollen	paill, peilliaid (eg)
pollination wind pollination	peilliad (eg) peillio/peilliad gan y gwynt
pollinator	coeden beillio (eb)
pollutant	llygrydd, -ion (eg) difwynydd (eg)
pollute, to	llygru (be) difwyno (be)
pollution	llygredd (eg) difwyniad (eg)
polyarthritis	polyarthritis (eg)
polycystic	amlgodennog (ans)
polycyth(a)emia	gwaed gorgellgoch (eg) polycythemia (eg)
polydactyly	amlfysedd (eg) polydactyledd (eg)
polydipsia	goryfed (be)
polymorphy	polymorffedd (eg)
polyp	polyp, -au (eg)
polypeptide	polypeptid, -au (eg)
polyploid	polyploid (eg)
polysaccharide	polysacarid, -au (eg)
polyunsaturated	amlannirlawn (ans)

polyurethane	polywrethan (eg)
polyuria	gordroethedd (eg)
pomace	gweisgion afalau (eg)
pommel	cnap cyfrwy (eg)
pond	pwll dŵr, pyllau dŵr (eg)
pondweed	dyfrllys (eg)
pony	merlyn (eg)/merlen (eb), merlod poni (eg)
pool price - see 'price'	
poorness (meat)	carcas israddol (eg)
popliteal	cameddol (ans)
population cycle	cylchred poblogaeth (eb)
porcine (pigs)	porcinaidd (ans)
porcine respiratory and reproductive syndrome	y glust las (eb)
pore p. size	mandwll, mandyllau (eg) tyllfaint (eg)
pork	porc (eg) mochgig (eg)
porker	porcyn, pyrc (eg)
porosity	mandylledd (eg)
porous	mandyllog (ans)

267

porphyria	porffyria (eg)
portal	porthol (ans)
p. fissure	yr agen borthol (eb)
p. vein	y wythïen borthol (eb)
positive	positif (ans)
post	post(yn), pyst/pystiau (eg)
strainer/straining	postyn tynnu (eg)
post/pole	
- see also 'gate post'	
post mortem	post mortem
	archwiliad abo (eg)
posterio -	postero -, ôl-
posthitis	gweinbidynwst (eg)
postnatal	ôl-esgor (ans)
postneonatal	ôl-newyddanedig (ans)
postoperative	ôl-driniaethol (ans)
postparturient	ôl-esgorol (ans)
post-perfusion	ôl-ddarlifiad (eg)
postural	ymddaliadol (ans)
	ystumiol (ans)
posture	ymddaliad (eg)
	ystum (eg)
	osgo (eg)
pot bellied	cestog (ans)
	boliog (ans)

potable	yfadwy (ans)
potash	potas (eg)
potato	taten, tatws (eb)
p. clamp	cladd tatws (eg)
p. eelworm	llyngyr tatws (ell)
p. degeneration	dirywiad tatws (eg)
p. lifter	peiriant tynnu tatws (eg)
p. spinner - see	
'spinner'	
p. riddle	gogr datws (eb)
chat potatoes	tatws mân (ell)
certified p.seed	tatws had ardystiedig (ell)
potato blight	malltod tatws (eg)
potato sprouting	egino tatws (be)
potential	potensial (ans)
	dichonol (ans)
potentiate, to	grymuso (be)
potion	dracht, -au (eb)
poult (turkey etc)	cyw (twrci), cywion (twrci) (eg)
poultice	sugaethan (eg)
	powltis (eg)
poultry	da pluog (ell)
	dofednod (ell)
poultry house	cwt ieir (eg)
	sied ieir (eb)
	tŷ ffowls (eg)

poultry perch	esgynbren, -nau (eg)
	clwyd ieir (eg)
pound	
1 enclosure	1 ffald, -au (eg)
2 weight	2 pwys, -i (eg)
3 money	3 punt, punnau/punnoedd (eb)
Green Pound	Y Bunt Werdd (eb)
powder	powdr, powdrau (eg)
power take off	trosglwyddydd/cysylltydd pŵer (eg)
	gyriant (eg)
pox	brech, -au (eb)
practice	gweithgylch milfeddygol (eg)
practise, to (veterinary)	milfeddyga (eb)
prank - see 'frisky'	
precipitation	gwaddodiad (eg)
precipitin	precipitin, -au (eg)
precision drill	hadwr trachywir (eg)
predator	ysglyfaethwr, ysglyfaethwyr (eg)
pregnancy (general)	beichiogrwydd (eg)
p. diagnosis	diagnosis beichiogrwydd (eg)
p. toxaemia (twin	clefyd yr eira/clwy'r eira (eg)
lamb disease,	y pensyndod (eg)
snow-blindess)	clefyd gefeilliaid (defaid) (eg)

pregnant	beichiog (ans)
p. bitch	gast dorrog (eb)
p. cat	cath dorrog (eb)
p. cow	buwch gyflo (eb)
p. mare	caseg gyfebr/gyfebol (eb)
p. sheep	dafad gyfoen (eb)
p. sow	hwch dorrog (eb)
premature	cynamserol (ans)
p. birth	geni cyn pryd
prematurity	cynamseredd (eg)
premedication	rhagfoddion (ell)
premise(s)	annedd, anheddau (eg)
premium	premiwm (eg)
premolar	blaengilddant (eg)
prenatal	cynesgor (ans)
prepatellar	arbadellog (ans)
prepatent period (parasite)	cyfnod cynaeddfedu (eg)
prepuce	gwain y pidyn (eg)
preputial	gweinbidynnol (ans)
prescribe, to	rhagnodi (be)
	cyfarwyddebu (ne)
prescribed	
1 by veterinary surgeon	1 rhagnodedig (ans)
2 specific	2 penodedig (ans) e.e. mewn dull penodedig

prescription	rhagnodyn, rhagnodiadau (eg)
	cyfarwyddeb, -au (eb)
present, to	ymddangos (be)
presentation (birth)	esgoriad (be)
anterior p.	blaenesgoriad (eg)
breech p.	tinesgoriad (eg)
dorsal p.	cefnesgoriad (eg)
posterior p.	ôl-esgoriad (eg)
ventral p.	toresgor(iad) (eg)
preserve, to (land)	cadw at hela (be)
preserve(s)	
1 for game	1 helwrfa, helwrfeydd (eb)
2 food	2 cyffaith, cyffeithiau (eg)
pressure	gwasgedd, -au (eg)
but blood p.	'pwysedd gwaed' (eg)
p. sore - see 'bed-sore'	
prevalence	cyffredinolrwydd (eg)
prevalent	cyffredin (ans)
preventive	ataliol (ans)
p. medicine	meddygaeth ataliol (eb)
prey	ysglyfaeth, -au (eb)
priapism	camgodiad (pidynnol) (eg)

price	pris, -iau (eg)
agricultural p.	p. amaethyddol (eg)
asking p.	dalbris (eg)
basic floor p.	p. sylfaenol (eg)
consumer p.	p. y defnyddiwr (eg)
differential p.	p. gwahaniaethol (eg)
discount p.	p. gostyngol (eg)
p. differential	gwahanbris (eg)
p. discrimination	gwahaniaethiad prisiau (eg)
p. elasticity	hydwythedd p. (eg)
export p.	p. allforol (eg)
farmgate p.	p. buarth/fferm (eg)
fixed p.	p. penodol (eg)
gross p.	cyfanbris (eg)
guide p. (target p.)	nodbris (eg)
import p.	p. mewnforol (eg)
p. index	mynegydd prisiau (eg)
intervention p.	p. ymyrrol (eg)
make-up p.	p. cyrhaeddol (eg)
p. mechanism	peirianwaith prisiau (eg)
minimum guaranteed p.	lleiafbris gwarantedig (eg)
net p.	gwirbris (eg)
on the hook p.	p. ar y cambren/bach (eg)
pool p.	cronbris (eg)
premium p.	p. premiwm (eg)
prohibitive p.	crocbris (eg)
reserve p.	lleiafbris (eg)
	gwaelodbris (eg)
retail p.	p. manwerthu (eg)
sluice gate p.	p. llifddor (eg)
threshold p.	p. trothwyol (eg)
variable p.	p. cyfnewidiol (eg)
wholesale p.	p. cyfanwerthu (eg)
world market p.	p. marchnad y byd (eg)
prick out, to	ailblannu (be)

primary	cynradd (ans)
	primaidd (ans)
	sylfaenol (ans)
p. feathers	blaenblu (ell)
p. tumour	tyfiant gwreiddiol (eg)
primate	deudroedolyn, deudroedolion (eg)
prime (condition)	gweddgar (ans)
	goreuraen (ans)
	llond ei (g)wedd/(ch) groen
primigravida	*primigravida* (beichiogaeth gyntaf)
primiparous	cyntafesgorol (ans)
prize bull	tarw arobryn/gwobrwyol(eg)
probang	safnchwilydd (eg)
probe	profiedydd, -ion (eg)
	chwiliedydd, -ion (eg)
process (bone)	cambwl, cambylau (eg)
proctitis	llid y rhefr (eg)
procto-	rhefrol- (ans)
producer (ecology)	cynhyrchydd, cynyrchyddion (eg)
product	cynnyrch, cynhyrchion (eg)
by-product	sgîl-gynnyrch (eg)
digestion products	cynhyrchion treuliad (ell)
joint product	cyd-gynnyrch (eg)
production ration	dogn cynhyrchu (eg)
productivity	cynhyrchaeth (eg)

Proficiency Test	Prawf Medrusrwydd, Profion Medrusrwydd (eg)

profile
  1 metabolic
  2 soil pattern
	
	1 proffil (eg)
	2 haenlun (eg)

profit, in full (cow)	buwch ar flaen ei godriad
progeny	epil, -iaid (eg)
progeny-testing	epilbrofi (be)
progesterone	progesterôn (eg)
prognathia - see 'overshot'	
prognosis	rhagolwg, rhagolygon (eg/b)
progressive retinal atrophy (PRA)	crebachiad rhydwelïau'r retina (eg)
projectile syringe	chwistrell deflynnol (eb)
projecting tooth	dant bargod (eg)
projection (e.g. villus)	allaniad, allaniadau (eg)
prolapse	dygwympiad (eg) llithriad (y groth) (eg)
proliferate, to	amlhau (eb)
proliferation	amlhad (eg)
prolific	epilgar (ans)
prolificacy	epilgaredd (eg)
prong	dant/pigyn fforch (eg)

propagate, to	lluosogi (be)
	amlhau (be)
propagation	lluosogiad (eg)
	amlhad (eg)
propane (gas)	(nwy) propan (eg)
property	
1 characteristic	1 priodwedd, priodweddau (eb)
	nodwedd, nodweddion (eb)
2 ownership	2 eiddo (eg)
prophylactic	clwyrwystrol (ans)
	proffylactig (ans)
prophylaxis	clwyrwystriad (eg)
	proffylacsis (eg)
propolis	propolis (eg)
	glud gwenyn (eg)
prostate gland	chwarren brostad (eb)
prostatic	prostadol (ans)
prostatitis	llid y prostad (eg)
	prostatitis (eg)
prosthesis	prosthesis (eg)
	trawsosodiad (eg)
prosthetic	prosthetig (ans)
prostrate	yn ei hyd
protective clothing	gwarchodwisg (eb)
protective colouring	gwarchodliw, -iau (eg)

protein	protein, -au (eg)
crude p.	protein amrwd (eg)
degradable p.	p. diraddadwy (eg)
dietary p.	p. lluniaethol (eg)
protein efficiency ratio (P.E.R.)	cymhareb effeithlonedd protein (eb)
undegradable p.	p. anniraddadwy (eg)
proteinuria	proteinwria (eg)
proteolytic	proteolytig (ans)
p. enzyme	ensym proteolytig (eg)
protozoa	protosoa (ell)
protracted	hirfaith (ans)
proud flesh	meinwe gordwf (eg)
proven bull	tarw epildda (eg)
provender (= fodder)	ebran, -nau (eg)
	gogor (eg)
proventriculus	profentricwlws, profentricwli (eg)
	blaengylla dofednyn (eg)
proximal	penagosaf (ans)
	procsimal (ans)
p. convoluted tubule	y tiwbyn arennol penagosaf (eg)
prune	eirinen sych, eirin sych (eb)
prune, to	tocio (be)
	brigdorri (be)
pruritus	ysfa (eb)
	ymlith (eg)
	cosi (be)

pseudo-	ffug-
pseudarthrosis	ffug-gymal (eg)
pseudohermaphrodite	ffug-ddeurywyn (eg)
pseudomelanosis	ffugfelanosis (eg)
psittacosis	sitacosis (eg) clefyd parotiaid (eg)
psoas	soas (eg)
psychotropic	seicotropig (ans)
ptosis	amrangwymp (eg) ptosis (eg)
ptyalin	tyalin (eg)
puberty	glasoed (eg)
pubic bone	asgwrn y werddyr (eg)
pubis	gwerddyr (eb)
puerperal	ôl-esgorol (ans)
puerperium	pwerperiwm (eg) cyfnod ôl-esgor (eg)
puffy	chwyddog (ans)
pulicide	chweinleiddiad (eg)
pull, to (a stack)	plwco (be)
pullet	cywen/cywennen, cywennod (eb)

pulley	chwerfan, -nau (eb)
pullorum disease (bacillary white diarrhoea, BWD)	clefyd pwlorwm (eg) ysgwriaeth wen cywion (eb)
pulmonary	ysgyfeiniol (ans) ... yr ysgyfaint
pulp cavity (tooth)	ceudod y bywyn (eg)
pulp, potato	pwlp tatws (eg)
pulper	pwlpydd (eg)
pulpy kidney (sheep)	pydredd arennol (defaid)
pulsation	curiadedd (eg)
pulsator	curiadur, -on (eg)
pulse (heart beat)	pyls (eg)
pulse(s) - see 'legume'	
pump, filter/suction	pwmp hidlo/sugno (eg)
puncture - see 'wound'	
pungent	llymsawrus (ans) tawchus (ans)
punnet	basgedan (eb)
pup(py)	ci bach, cŵn bach (eg) colwyn, -od (eg)
pupa, pupal stage	chwiler (eg) crysalis (eg)

pupate, to	chwileru (be)
pupil (of eye)	cannwyll y llygad (eb)
pupillary	canhwyllol (ans)
pure	pur (ans)
pure line/bred	purlinach (eb/g)
purgative/purge	dirgarthlyn, -ion (eg) gweithydd, -ion (eg)
purge, to	dirgarthu (be) peri ymgarthiad (be) gweithio (be)
purification	puriad (eg)
purify, to	puro (be)
purine	pwrin, pwrinau (eg)
purity	puredd (eg)
purpura (haemorrhagica)	purpura/pwrpwra (eg) manwaediad, -au (eg)
purpuric	pwrpwrig (ans)
purse (scrotum)	pwrs, pyrsau (eg) ceillgwd (eg)
purulent	crawnog (ans) llinorog (ans) gorllyd (ans)
pus	crawn (eg) llinor (eg) gôr (eg)

pustular	llinorynol (ans)
	cructaraidd (ans)
pustule	llinoryn, llinorod (eg)
	cructardd (eg)
putrefaction	madredd (eg)
putrefy, to	madru (be)
	madreddu (be)
putrefying bacteria	bacteria madru (ell)
py(a)emia	malltolwaed (eg)
	pyemia (eg)
pyelitis	pyelitis (eg)
pyelogram	pyelogram, -au (eg)
pyelonephritis	pyeloneffritis (eg)
pyloric	pylorig (ans)
pylorospasm	pylorosbasm (eg)
pylorus	pylorws (eg)
pyogenic	crawndarddol (ans)
pyometra/pyometritis	crothgrawn (eb)
pyometric	crothgrawnllyd (ans)
pyorrhoea - see 'paradental disease'	pyorea (eg)
	llid y gorcharfanau (eg)
pyramid (kidney)	pyramid yr aren (eg)

pyrexia	twymyn, -on (eg)
	llucheden (eb)
pyrexial/pyretic	twymynol (ans)
	lluchedennol (ans)
pyruvic acid	asid pyrwfig (eg)
pythiosis	pythiosis (eg)

Q. fever	twymyn Queensland (eb)
quack, to	cwacian (be)
quadrant	pedrant, pedrannau (eg)
quadri -	pedwar -, cwadri-
quadriplegia	parlys pedwar aelod (eg) cwadriplegia
quadruped	pedwartroedyn, -nau (eg)
quadruplet	pedrybed, pedrybedau (eg)

qualify, to
  qualified apprentice
  qualified herd
	cymhwyso (be)
	prentis ymgymwysedig (eg)
	buches amgymwysedig (eb)

qualitative	ansoddol (ans)
qualitative analysis	dadansoddiad ansoddol (eg)
quality q. composition payment(s)	ansawdd, ansoddau (eg) tâl(iadau) ansawdd cyfansoddol (eg)
quantitative	meintiol (ans)
quantity (= number)	mesur, -au (eg) maint, meintiau (eg) swm, symiau (eg) nifer, -oedd (eb/g)

quarantine
  1 period
  2 place
  see also 'lairage'
	
	1 neilltuaeth (eg)
	2 neilltufan (eg)

quart	chwart, -iau (eg)

quarter	
1 measure (general)	1 chwarter, -au (eg)
	cwarter, -au (eg)
2 anatomy	2 chwarter ôl/blaen (cadair/pwrs) (eg)
3 weight	3 chwarter cant (wyth bwysel) (eg)
4 piece of meat	4 chwarthor, -ion (eg/b)
forequarter	chwarthor b/flaen (eg/b)
hind-quarter	chwarthor ôl (eg/b)
to quarter	chwarteru (be)

quarter ill - see
  'blackleg'

quaternary	cwaternaidd (ans)

queen bee	brenhines haid (eb)
	modrydaf, -au (eb/g)
q. excluder	gwahanydd y frenhines (eg)

quern	breuan, -au (eb)

quick	
1 hawthorn	1 draenen (wen) blannu (eb)
2 anatomy ('live')	2 byw(yn) (eg) e.e. bywyn carn ceffyl

quick-lime	calch brwd (eg)

quickset	draenen blannu, drain plannu (eb)

quidding	chwydgnoi (be)
	ofergnoi (be)

quill	cwilsyn, -nau (eg)

quilt	cwilt, -iau (eg)

quinine	cwinîn (eg)

quittor	ewinor (eb)
	carnfadredd (eg)
quota (milk)	cwota, cwotâu (llaeth) (eg)
Rabbit	cwningen, cwningod (eb)
r. warren	cwninger, -oedd (eb)
	gwaren, -au (eb)
rabid	cynddeiriog (ans)
rabies	y gynddaredd (eb)
race	
1 competition	1 ras, -ys (eb)
2 breed	2 hil, -ion (eb)
3 channel, course	3 tramwyfa gul (eb)
race-course	rhedfaes, rhedfeysydd (eg)
	rhedegfa, rhedegfeydd (eb)
race horse	ceffyl rasio/rasys (eg)
rachis	rachis (eg)
rachitic	llechog (ans)
rack	rhastl, -au (eb)
	rhesel, -i (eb)
raddle/ruddle	nod coch/glas etc (eg)
radial	rheiddiol (ans)
radiant	
1 of rays	1 pelydrol (ans)
2 bright	2 llachar (ans)

radiate, to	
1 botany	1 rheiddio (be)
2 of rays	2 pelydru (be)
radiation	pelydriad, -au (eg)
r. sickness	gwaeledd pelydriad (eg)
solar radiation	pelydriad heulog (eg)
radiator (tractor)	rheiddiadur, rheiddiaduron (eg)
radicle	cyn-wreiddyn, cyn-wreiddiau (eg)
radiculitis	radicwlitis (eg)
radioactive	ymbelydrol (ans)
r. fallout	cawod ymbelydrol (eb)
radioactivity	ymbelydredd (eg)
radiography	radiograffaeth (eb)
radiological	radiolegol (ans)
radiology	radioleg (eb)
radionecrosis	radionecrosis (eg)
radiotherapy	radiotherapi (eg)
radish	rhuddyglen, rhuddygl (eb)
	radisen, radis (eb)
radius	
1 bone	1 radiws/rhaidd y fraich (eg)
2 geometry	2 radiws, radii (eg)
ragwort	creulys Iago (eb)
(*Senecio jacobaea*)	llysiau'r gingroen (ell)

rain scald – see 'weather beat'	
rain water	dŵr glaw (eg)
rainfall	cyfanswm glaw (eg)
rake (implement) hay rake	rhaca, -nau (eb) cribin, -(i)au (g)wair (eg/b)
rake, to 1 to move sheep 2 to use implement	1 newid porthiant defaid (be) 2 rhacanu (be) cribinio (be)
rale dry r. moist r.	rhoch ysgyfaint (eg) rhoch ysgyfaint sych (eg) rhoch ysgyfaint llaith (eg)
ram lowland r. mountain r.	hwrdd, hyrddod (eg) maharen, meheryn (eg) hwrdd llawr gwlad (eg) hwrdd mynydd (eg)
ranch r. farming	fferm helaethdirol (eb) ffermio helaethdirol (be) eangffermio (be)
rancid	seimsur (ans)
rancidity	seimsurni (eg)
random sample	hapran, haprannau (eb)
randomise, to	hapdrefnu (be)
randomised block	hapraniad (eg)
randomly select, to	dethol ar antur/ar hap/ar siawns (be)

range of variations	amrediad yr amrywiadau (eg)
rape	rêp (eg)
	deilcawl (ell)
rarefaction	teneuad esgyrn (eg)
rash	y clwyf poeth (eg)
	brech, -au (eb)
rasher (of bacon)	sleisen (cig moch) (eb)
rasp	rhathell, -au (eb)
tooth r.	rhathell ddannedd (eb)
blacksmith's r.	rhathell gof (eb)
to rasp	rhathellu (be)
rat-tail (horse)	cloren brinflew (eb)
rate	cyfradd, cyfraddau (eb)
r. of growth	cyfradd dwf/brifiant (eb)
transpiration r.	c. drydarthu (eb)
ventilation r.	c. anadlu (eb)
ratio	cymhareb, cymarebau (eb)
direct r.	cymhareb union (eb)
gearing r. (econ.)	c. fenthyca (eb)
input/output r.	c. fewngyrch/allgyrch (eb)
inverse r.	c. wrthdro (eb)
ration	dogn, -au (eg)
maintenance r.	d. cynnal (eg)
production r.	d. cynhyrchu (eg)
to compound a r.	cymysgu (dogn) (be)
raw	
1 of tissue	1 cignoeth (ans)
2 of untreated state	2 crai/amrwd (ans)
r. material	deunydd crai (eg)

ray	
1 physics	1 pelydr(yn), pelydrau (eg)
2 biology	2 rheidden, rheiddennau (eb)
reabsorption (renal)	adamsugniad (eg)
reactant	adweithydd, -ion (eg)
reaction	adwaith, adweithiau (eg)
reaction rate expression	mynegiad cyfradd yr adwaith (eg)
reactive	adweithiol (ans)
reactivity	adweithedd (eg)
reactor ·(respond to test)	ymatebydd cadarnhaol (eg)
reagent (reactant)	adweithydd, adweithyddion (eg)
real value	gwir werth (eg)
reaper	medelwr, -wyr (eg)
reaper and binder	peiriant medi a rhwymo (eg)
rear (behind)	ôl (ans)
rear, to	
1 breed	1 magu (be)
2 rise on hind legs	2 codi ar ei th/draed ôl (be)
receipt	derbynneb, derbynebau (eb)
receipts (takings)	derbynion (ell)
receptacle	llestr, -i (eg)
	padell, pedyll (eb)
	dysgl, -au (eb)

receptionist	croesawydd, -ion (eg)
	croesawes, -au (eb)
receptor	derbynnydd, derbynyddion (eg)
r. site	derbynle, -oedd (eg)
recession	enciliad (eg)
recessive	enciliol (ans)
r. factors	ffactorau encil (ell)
recipe	cyfarwyddyd, cyfarwyddiadau (eg)
recipient (cow etc)	derbynfuwch; derbynddafad etc
reciprocal	cilydd, -ion (eg)
	cilyddol (ans)
reclamation (land)	adennill (tir) (be)
recombination	ailgyfuniad, ailgyfuniadau (eg)
recommended daily amount (of nutrient)	maint argymelledig beunyddiol (eg)
reconcile, to	cysoni (be)
record, to	cofnodi (be)
record	cofnod, -ion (eg)
recovery (room)	ystafell adfer (eb)
rectal	rhefrol (ans)
r. swab	goreth rhefrol (eg)
rectocele	rhefrgoden, rhefrgodau (eb)
rectovaginal	rhefrweiniol (ans)

rectovesical	rhefr-yswigol (ans)
rectum (= 'bung gut')	rhefr, -au (eg)
recumbent cow	buwch ar lawr (eb)
recur, to	ailddigwydd (be)
recurrence	ailddigwyddiad (eg)
recurrent	ailddigwyddiadol (ans)
red blood cell	cell goch y gwaed, celloedd coch y gwaed (eb)
red blood cell count	cyfrifiad celloedd coch y gwaed (eg)
red blood corpuscle	corffilyn coch y gwaed, corffilod coch y gwaed (eg)
red cell ghost	gweddillyn corffilyn coch (eg)
red deer - see 'stag deer'	
red mite (*Dermanyssus gallinae*)	euddonyn coch dofednod (ell)
red water (piroplasmosis)	dŵr coch (eg) piso gwaed (be)
red worm (horse)	llyngyren goch, llyngyr coch (eb)
reduce (fracture) - see also 'set'	pen-bennu (asgwrn) (be)
redundancy (payment)	(tâl) colli gwaith (eg)
reed r. grass	cawnen, cawn (eb) cawnwellt (ell)

refine, to	puro (be)
	coethi (be)
refined	coeth (ans)
reflation	atchwyddiant (eg)
reflational	atchwyddiannol (ans)
reflex	atgyrch, -au (eg)
	atgyrchol (ans)
r. action	gweithred atgyrch (eb)
conditioned r.	atgyrch cyflyredig (eg)
reflux	adlifiad, -au (eg)
	adlifol (ans)
to reflux	adlifo (be)
reforestation	ailgoedwigo (be)
refrigerate, to	oereddu (be)
refrigerated (sample)	(sampl) oeredig (ans)
refrigerator	oergell, -oedd (eb)
regenerate, to	ailgynhyrchu (be)
regeneration	ailgynhyrchiad (eb)
regenerative	ailgynhyrchiol (ans)
register (herd)	cofrestr buches (eb)
registered animal	anifail cofrestredig (eg)
regress, to	ymatchwel (be)

regression	ôl-duedd (eb)
	ôl-dafliad (eg)
regular worker	gweithiwr rheolaidd (eg)
regurgitate, to	adlifo (be)
1 cud	1 codi cil (be)
2 vomit	2 chwydu/cyfogi (be)
regurgitation	adlifiad (eg)
rehabilitate, to	adfer (be)
rehabilitation	adferiad (eg)
rein	awen, -au (eb)
rejection	ymwrthiant (eg)
relapse	ail-bwl (eg)
relapse, to	ailymhoelyd (be)
	dioddef/cael pwl arall o...
relapsing	ailbylog (ans)
relative	cymharol (ans)
r. humidity	lleithder cymharol (eg)
relax, to	ymlacio (be)
relaxant, spasmolytic	llaesydd, -ion (eg)
	cyffur llacio (eg)
relaxation (muscle)	ymlaciad (cyhyr) (eg)
	llaesiad (eg)
relief milker	neillodrwr (eg)

remedy	meddyginiaeth (eb)
remission	gwellhad ysbeidiol/dros dro (eg)
renal r. calculus	arennol (ans) carreg yr aren (eb)
rennet	cw(y)rdeb (eg) caul llo bach (eg)
rennin	rennin (eg)
rent quasi r.	rhent, -i (eg) amrent (eg)
repair to repair	atgyweiriad, -au (eg) atgyweirio (be)
repeat, to	ail + berf e.e. ail-wneud/roi (be)
repel, to (obstetrics)	olwthio (be)
repellant, bird	gwrthyrryn adar (eg)
replace, to	amnewid (be)
replacement	amnewidiad (eg)
reproduce, to	atgynhyrchu (be) epilio (be)

reproduction
 	
  asexual reproduction
  vegetative reproduction
	atgynhyrchiad (eg)
	epiliad (eg)
	atgynhyrchiad anrhywiol (eg)
	atgynhyrchiad llystyfol (eg)

reproduction cell, male	cell (at)genhedlol wrywol (eb)
reproductive organs	organau cenhedlu (ell)

reptile	ymlusgiad, ymlusgiaid (eg)
repulsion	gwrthyriad (eg)
resazurin test (milk)	prawf resaswrin (eg)
research, operational	ymchwil weithrediadol (eb)
resect, to	echdorri (be)
resection	echdoriad, -au (eg)
reseed, to direct reseeding	ail-hadu (be) ail-hadu uniongyrchol (be)
reserve	...wrth gefn mewn stôr
reserve (food)	ystorfa (fwyd), ystorfeydd (bwyd) (eb)
reserve prize	cilwobr, -au (eb)
reserves (nature) (general)	gwarchodfa natur, gwarchodfeydd natur (eb) neillolion (ell)
residual r. value	gweddilliol (ans) gwerth gweddilliol (eg)
residue	gweddill, gweddillion (eg)
resilient	hydwyth (ans)
resin	ystor (eg)
resist, to (disease)	gwrthsefyll (be)
resistance	gwrthiant (eg) ymwrthedd (eg)

resistant	gwrthiannol (ans)
resolution	dadraniad, dadraniadau (eg)
resolve, to (into components)	dadrannu (be)
resolved	dadranedig (ans) cydrannol (ans)
resonance	cyseiniant (eg)
resonant	cysain (ans) cyseiniol (ans)
resonate, to	cyseinio (be)
resonator	cyseinydd (eg)
resorb, to	atsugno (be)
resorption	atsugnad (eg)
respiration	resbiradaeth (eb)
respirator	resbiradur, -on (eg) anadliadur, -on (eg)
respiratory	resbiradol (ans) anadliadol (ans)
respiratory distress	anhawster/trafferth anadlu (eg) byrwyntedd (eg)
respiratory quotient (R.Q.)	cyniferydd resbiradol (eg)
respire, to	resbiradu (be)
response	ymateb, -ion (eg)

resting stage	cyflwr gorffwys (eg)
restless	aflonydd (ans)
restrainer	atalydd, -ion (eg)
restraint	ataliad (eg)
result	canlyniad, canlyniadau (eg)
resulting resulting from	canlynol (ans) o ganlyniad i/yn deillio o ...
resuscitate, to	adfywhau (be)
resuscitation	adfywhad (eg)
retail, to	mân-werthu (be)
Retail Price Index	Mynegydd Pris(iau) Mân-werthu
retain, to (by tissues etc)	dargadw (be)
retaining fee	tâl dargadw (eg) ffi ddargadw (eb)
retching	gwag-gyfogi (be) gwag-chwydu (be)

retention (of iron by the
  tissues)
  r. of urine
 	
  r. of afterbirth
	dargadwedd (haearn gan y meinweoedd) (eg)
	
	ataliad dŵr (eg)
	carchar dŵr (eg)
	dal brych (be)

reticulate	rhwydol (ans)
reticulitis	reticwlitis (eg)

reticulocyte	reticwloseit, -au (eg) reticwlocyt, -au (eg)
reticulo-endothelial system	cyfundrefn/system reticwlo- endothelaidd (eb)
reticulum	
1 ruminant stomach	1 y gôd/boten fach (eb) ail stumog (eb)
2 network (tissue)	2 reticwlwm (eg)
retina	retina (eg) rhwyden (eb)
retractor	daliedydd (eg)
retriever	cyrchgi, cyrchgwn (eg)
returns	
1 documentation	1 cyfrifeb, -au (eb)
2 earnings	2 enillion cyson (ell)
agricultural r.	cyfrifeb(au) amaethyddol (eb)
constant r.	enillion cyson (ell)
diminishing r. (law of)	(deddf) enillion lleihaol (ell)
gross r.	enillion crynswth (ell)
increasing r.	enillion cynyddol (ell)
marginal r.	lled-enillion/ffin-enillion (ell)
net r.	gwir enillion (ell)
returns to scale	enillion (yn ôl) maint (ell)
reverse, to	
1 tractor, horse	1 bacio/bagio (be)
2 decision, situation	2 dadwneud (be)
reversible	cildroadwy (ans)
reversible reaction	adwaith cildroadwy (eg)

298

reversibility	cildroadedd (eg)
reversion	
1 regression	1 ôl-dafliad (eg)
2 of land	2 adfeddiant (eg)
revive, to	adfywhau (be)
reviver	adfywydd (eg)
	dadebrydd (eg)
rheumatism	gwynegon (ell)
	cryd cymalau (eg)
rheumatoid	gwynegol (ans)
rhinitis	llid y ffroenau (eg)
	trwynwst (eg)
rhinorrhoea	ffroenlif (eg)
rhizoid	rhisoid, -au (eg)
	coegwreiddyn (eg)
rhizomatous	gwreiddgyffiol (ans)
rhizome	rhisom, rhisomau (eg)
	gwreiddgyff (eg)
rhododendron	rhododendron (eg)
rhoncus - see 'rale'	
rib	asen, -nau/ais (eb)
r. cage	cawell asennau (eg)
	brongist (eb)
floating ribs	y byrrais (un. byrasen (eb)) (ell)
riboflavin	ribofflafin (eg)

ribonucleic acid	asid riboniwclëig (RNA) (eg)
messenger RNA	RNA negeseuol (eg)
transfer RNA	RNA trosglwyddol (eg)
ribosome	ribosom, ribosomau (eg)
rick	rhic wair (eb)
rickets	y llech, -au (eb)
rickyard/stackyard	ydlan, -nau (eb)
	cadlas, cadlesi (eb)
riddle	rhidyll, -au (eg)
	gogr, -au (eg)
to riddle	rhidyllu (be)
	gogru/gwegru (be)
ridge	esgair, esgeiriau (eb)
	crib, -au (eb)
to ridge (ploughing)	codi cefn (be)
ridge and furrow	cefn a rhych
ridging plough	aradr rychio (eb)
(baulking plough,	'dwbl Tom' (eg)
ridger, 'double Tom')	'mochyn' (gogledd) (eg)
rig - see also	rhagfaedd (mochyn) (eg)
'cryptorchidism'	rhagfarch (ceffyl) (eg)
right of way	hawl tramwy(o) (eg)
rigid	anhyblyg (ans)
	anystwyth (ans)
rigidity	anhyblygrwydd (eg)
	anystwythder (eg)

rigor	cryndod (eg)
rigor mortis	*rigor mortis* terrig (eg)
rind	crofen, -nau (eb) (e.e. am gig moch)
rinderpest, cattle	rinderpest (eg)

ring (sale)
  bull r.
  pig r.
  r. fence
 	
    to ring a pig
    to ring a tree
	cylch gwerthu, cylchoedd gwerthu (eg)
	torch tarw (eg)
	cwirsen, cwirs (eb)
	ffens ffiniol (eb)
	ffens derfyn (eb)
	cwirso (be)
	torri cylch (be)

ring, annual	cylch blynyddol, cylchoedd blynyddol (eg)

ringbone
  false r.
  true r.
	marchegwyd (eb)
	m. yr asgwrn (eb)
	m. y cymal (eb)

Ringers solution	toddiant Ringer (eg)
ringworm	tarwden (eb) derwreinyn, derwraint (eg/b) (drywinen) (eg)
rinse, to	swilio (be) lledolchi (be)
riparian r. rights	torlannol (ans) hawliau torlannol (ell)
ripen, to (of cheese etc)	aeddfedu (be)
ripened (cream)	(hufen) aeddfed (ans)

ripening (maturing) room	aeddfedfa (eb)
rising (horse age)	codi (e.e. codi'n bedair oed)
risk aversion	osgoi menter (be)
ritual slaughter	lladd defodol (eg)
roach back (horse)	cefngrymedd (eg)
roan	broc (ans)
roarer - see also 'whistler'	ceffyl rhuol (eg)
rock crystal	crisial craig (eg)
rock salt	carreg halen (eb)
rodent	cnofil, cnofilod (eg)
rodent infestation	pla cnofilod (eg)
rodent ulcer (eosinophilic granuloma complex)	dafad/dafaden wyllt (eb) briw difaol (eg)
rodenticide	cnofil-leiddiad (eg)
rods and cones (retina)	rhodenni a chonau (ell)
roe, hard (fish)	gronell (caled) (eg/b) bol caled (eg)
soft r.	lleithan (meddal) (eg) bol llaith (eg)

Roe deer	
(*Capreolus caproea*)	
buck	iwrch, iyrchod (eg)
	bwch danas (eg)
doe	hyddes (eb)
rogue (plant)	planhigyn gwyrdras (eg)
to rogue (potatoes etc)	dichlyn (be)
rolled oats	ceirch ysig (ell)
(bruised oats)	
roller	
1 land-roller	1 rholer, -i (eg)
2 girdle, horse	2 amwregys (eg)
3 mill	3 melin gywasgu (eb)
rolling fund	cronfa gylchiadol (eb)
rood	chwarter erw/cyfair (eg)
	rhwd, rhydau (eb)
rook	ydfran, ydfrain (eb)
roost, to	clwydo (be)
rooster	ceiliog, -od (eg)
root	gwreiddyn, gwreiddiau (eg)
motor r. (nerve)	gwreiddyn echddygol (eg)
tap r.	prif wreiddyn (eg)
root cap	gwreiddgapan, -au (eg)
root hair	gwreiddflewyn, gwreiddflew (eg)
root nodule	gwreiddgnepyn, -nau (eg)
root pressure	gwreiddwasgedd (eg)

303

root tip	blaenwreiddyn, blaenwreiddiau (eg)
root vegetables	gwreiddlysiau (ell)
rooted plant	planhigyn gwreiddiog (eg)
rootlet	gwreiddiosyn, gwreiddios (eg)
rotary cultivator	troelldrinydd (eg)
rotary screen	gogr amdröol (eb)
rotate, to	cylchdroi (be)

rotation
  four course r.
  r. grasses
	cylchdro, -adau (eg)
	cylchdro pedwar cnwd (eg)
	porfeydd cylchdro (ell)

rotation of crops	cylchdro cnydau (eg)
rotational grazing	pori cylchdro (be)
rotteness	pydredd (eg)
rough grazing	tir pori garw (eg)
rough stalked meadow grass - see 'meadow grass'	
roughage	bwyd garw (eg) brasfwyd (eg)
round of beef	rownd/crwn o gig eidion (eg)
roundworm	llyngyren fain, llyngyr main (eb)
roup (= croup)	crygwst (eg) y big (eb)

row crop cultivator	trinydd cnydau rhych (eg)
rowel	ceingoreth, -au (eg)
	rhywel (eg)
to rowel	tynnu rhywel (be)
royal jelly	jeli brenhinol (eg)
rubber	rwber (eg)
rubber bung	topyn rwber, topynnau rwber(eg)
rubber jaw (dogs) (renal hyperparathyroidism)	gên-feddaledd (eg)
rubber sheet	lliain rwber, llieiniau rwber (eg)
rubefacient	cochlidydd, -ion (eg)
rudiment	elfen, -nau (eb)
rudimentary	elfennol (ans)
rudimentary (organ etc)	anghyflawn (ans)
	cyntefig (ans)
	elfennol (ans)
rug (horse)	carthen, -ni (eb)
rumen	blaengylla (eg)
	y boten (fawr) (eb)
	rwmen (eg)
rumenotomy	toragoriad y blaengylla (eg)
ruminal fermentation	eplesiad blaengyllaol (eg)
ruminant	cilfilyn, -od (eg)

ruminate, to	cnoi cil (be)
rump	bontin (eb)
run, chicken	rhedfa ieir (eb)
run with, to	cyd-redeg (be)
runner (botany)	ymledydd, ymledyddion (eg)
runt	cardydwyn (eg) corbedwyn (eg) tin bach y nyth (eb)

rupture
  - see also 'hernia'
  watery rupture
	rhwyg, -iadau (eg)
	
	bors ddŵr (eb)

rupture, to	rhwygo (be)
ruptured	borsog (ans)
rural	gwledig (ans)
rush	brwynen, brwyn (eb)
rust (chemistry) to rust	rhwd (eg) rhydu (be)
rust (plant disease)	y gawod goch (eb) (ond, y gawod lwyd = mildew)
rusted	rhydlog (ans)
rustic	gwladaidd (ans)
rusty	rhydlyd (ans)
rut	rhigol, -au (eg)

rutting season	tymor cymharu/cydmaru (eg)
rye	rhyg (eg)
rye grass (perennial) (*Lolium perenne*)	rhygwellt (lluosflwydd) (eg)
Italian rye grass (*Lolium multiflorum*)	rhygwellt Eidalaidd (eg)
Sac	cwdyn, cydynnau (eg)
saccular	cydynnog (ans)
sacculated	cydynnaidd (ans)
saccule/sacculus	cwdennyn, cwdenynnau/cydynnyn, cydynnau (eg) sacwlws, sacwli (eg)
sack	sach, -au (eb)
sacrum	ffolen, -nau (eb) pedrain, pedreiniau (eb)
sacral	ffolennol (ans)
s. vertebrae	fertebrau'r ffolen/pedrain (ell)
sacro-iliac	sacro-iliag (ans)
sacs, wind - see 'air sac'	
saddle	
draught s.	ystrodur, -iau (eg)
riding s.	cyfrwy, -au (eg)
side s.	cyfrwy untuog (eg)
s. bow (fore bow)	corf, -au (eb/g)
s. crupper	crwper, -au (eg)
s. girth	cengl, -au (eb)
s. pad	gobell, -au (eb)
s. tree	ystarn (eb)

saddle galls	clwy'r cyfrwy (eg)
saddle of lamb	cefngig oen (eg)
safety	diogelwch (eg)
safety cab/frame (tractor)	amfwth diogelwch (eg)
safety screen	sgrîn ddiogelu (eb)
sagittal	saethol (ans)
sainfoin (*Onobrychis viciifolia*)	y godog (eb)
sale	arwerthiant, arwerthiannau (eg)
saline	heli (eg) halwynog (ans) helïaidd (ans)
salinity	halwynedd (eg) helïedd (eg)
saliva	salifa (eg) poer (eg) glafoer, -ion (eg)
salivary	salifaidd (ans) poerol (ans) glafoerol (ans)
salivate, to	salifo (be) glafoerio (be)
sallenders	clefyd agen y gar (eg)

salmon	eog, -iaid (eg)
female s.	chwiwell, -au (eb)
male s.	cemyw, -od (eg)
salmonellosis	salmonelosis (eg)
salpingitis	salpingitis (eg)
	llid y ddwythell wyau (eg)
salt	
1 common salt (NaCl)	1 halen (NaCl) (eg)
2 salt (general)	2 halwyn, -au (eg)
s. lick	llyfyn halen (eg)
salt-marsh	morfa heli, morfeydd heli (eg)
	halwyndir, -oedd (eg)
saltpetre	solpitar (eg)
sample	sampl, -au (eb)
random sample	hapsampl, -au (eb)
	hapran, -nau (eb)
stratified s.	sampl haenedig (eb)
sandcrack	holltgarn (eg)
sandstone	tywodfaen (eg)
sandy loam	lôm tywodlyd (eg)
sanitary	iechydol (ans)
sanitation	iechydaeth (eb)
sap	nodd, noddion (eg)
saphenous	saffenig (ans)

sapling	glasbren, glasbrennau (eg)
	marchwialen, marchwiail (eb)
saponification	seboneiddiad (eg)
saponify, to	seboneiddio (be)
saprophage	saproffag (eg)
saprophyte	saproffyt, saproffytau (eg)
saprophytic	saproffytig (ans)
sarcocystis	sarcocystis (eg)
sarcoid (equine)	sarcoid (eg)
	sarcoid (ans)
sarcoma	sarcoma (eg)
saturate, to	dirlenwi (be)
	hydrwytho (be)
saturated	dirlawn (ans)
s. fatty acid	asid brasterog dirlawn (eg)
saturation	dirlawnder (eg)
sawdust	blawd llif (eg)
sawfly	llifbryf, -ed (eg)
turnip s.	llifbryf maip (eg)
(*Athalia spinarum*)	
scab	
1 sheep disease	1 clafr y defaid, clafriaid y defaid (eg)
2 fruit/vegetable disease	2 crach (afalau, tatws) (ell)
3 cutaneous	3 crachen, crach (eb)
to scab	crachennu (be)

scabby	crachennog (ans)
scabies (sarcoptic mange)	clafr sarcoptig (eg)
scald	
1 burn	1 ysgaldiad, -au (eg)
2 sheep disease (scad)	2 llid y traed (defaid) (eg)
to scald	ysgaldian (be)
	ysgaldanu (be)
scale	
1 anatomy	1 cen, -nau (eg)
2 grade, measure	2 graddfa, graddfeydd (eb)
to draw to scale	lluniadu wrth raddfa (be)
scale leaf	cendceilen, cenddail (eb)
scales	
1 weighing device	1 tafol, taf(o)lau (eb)
	clorian, -nau (eg/b)
	mantol, -ion (eb)
2 anatomy	2 cennau (ell)
scaliform thickening	tewychiad sgalaraidd (eg)
scalpel	sgalpel (eg/b)
	cyllellyn (eg)
scaly leg (poultry)	coes gennog (eb)
scan, to	rhanchwilio (be)
	corfannu (be)
	sganio (be)
scanner	rhanchwiliadur (eg)
	corfaniadur (eg)
	sganiadur (eg)

311

scanning	rhanchwiliad, -au (eg)
	corfaniad (eg)
	sganiad (eg)
scaphoid	sgaffoid (ans)
	badffurf (ans)
	e.e. asgwrn badffurf (eg)
	cychffurf (ans)
scapula	asgwrn yr ysgwydd (eb)
	sgapwla (eg)
scapular	sgapylaidd (ans)
scar	craith, creithiau (eb)
scar tissue	creithfeinwe (eg)
scarecrow	bwgan/bwbach brain (eg)
scarifier	
1 soil	1 priddsgathrydd (eg)
2 skin	2 croensgathrydd (eg)
scavenge	carthysu (be)
scavenger	carthysydd, carthysyddion (eg)
schedule (show)	atodlen (eb)
scheduled diseases	clefydau rhestredig (ell)
scheduled weeds	chwyn rhestredig, (ell)
	chwyn y rhestr ddu
scheme, accredited	cynllun achrededig (eg)
schizosoma reflexa	holltgamffurfedd (eg)

sciatic	clunol (ans)
	sgiatig (ans)
scion	impyn, -nau (eg)
	brigyn impiedig, brigau impiedig (eg)
scirrhous cord	caledchwydd y ceill-linyn (eg)
scission	toriant, toriannau (eg)
scissors	siswrn, sisyrnau (eg)
sclera	sglera (eg)
	gwyn y llygad (eg)
scleritis	llid y sglera (eg)
scleroderma	sgleroderma (eg)
sclerosis	sglerosis (eg)
sclerotic	sglerotig (ans)
sclerous	sgleraidd (ans)
scolex	pen llyngyr llydan (eg)
	sgolecs (eg)
scoliosis	sgoliosis (eg)
	gwargamedd (eg)
scoliotic	gwargam (ans)
scorbutic	sgorbwtig (ans)
	llyglyd (ans)
score (pig weight)	ugeinpwys (eg)

scour, to	traddu (be)
	ysgothi (be)
scouring - see also	traddiad (eg)
'diarrhoea'	ysgothiad (eg)
scrag	gwddf dafad (eg)
scraper	
1 equine	1 crafellyn (eg)
2 muck-rake	2 colrac/corlac, -au (eg)
scrapie	ysfa (eb)
screen	ysgrîn (eb)
	sgrin (eb)
to screen	ysgrinio (be)
screening	ysgriniad, -au (eg)
scrotal	ceillgydol (ans)
	pyrsog (ans)
s. hernia (pig)	(mochyn) pyrsog (eg)
scrotum	ceillgwd, ceillgydau (eg)
	pwrs (eg)
scum	ewyn, -nau (eg)
	sgym (eg)
scurf	cen, -nau (eg/b)
	marwdon (eg/b)
scurfy	cennog (ans)
scurvy	y sgyrfi (eg)
	y llwg (eg)
scutch-grass - see	
'couch-grass'	

scythe	pladur, -iau (eb)
to scythe	pladurio (be)
sear, to - see 'cauterize'	
season, in - see 'oestrus'	
seasonality of production	tymoroledd cynhyrchu (eg)
seat (of lameness etc)	gwreiddyn (y cloffni etc) (eg)
seated shoe	pedol drumlefn (eb)
sea-water	heli, helïau (eg)
	dŵr y môr (eg)
seaweed	gwymon, -ydd (eg)
sebaceous	swyfaidd (ans)
s. cyst - see 'wen'	
s. gland	chwarren sebwm (eb)
seborrhoea	swyflif (eg)
seborrhoeic	swyflifol (ans)
sebum	swyf (eg)
	sebwm (eg)
second thigh (horse)	
- see 'gaskin'	
secondary	eilaidd/eiliol (ans)
secondary plumage	eilblu (ell)
secondary sexual character	eilnodwedd rywiol (eb)

secrete, to	secretu (be)
	rhinio (be)
secretion	secretiad, -au (eg)
	rhiniad, -au (eg)
	chwarenlif (eg)
section (biol.)	toriad, toriadau (eg)
sagittal s.	t. saethol (eg)
tangential s.	t. tangiadol (eg)
transverse s.	t. ardraws (eg)
sectional view	golwg doriadol (eb)
security, collateral	cydwarant (eg)
sedate, to	tawelyddu (be)
sedation	tawelyddedd (eg)
sedative	tawelyddydd, -ion (eg)
(= tranquil(l)iser)	
sedentary (soil)	(pridd) gwaelodol (ans)
sedge	hesg (ell) (un = hesgen(eb))
sediment	gwaelodion (ell)
to sediment	gwaelodi (be)
	(gwaddodi = to precipitate)
sedimentation	gwaelodiad (eg)
erythrocyte s. rate	cyfradd gwaelodi'r erythrocytau (eg)

seed	hedyn, hadau (eg)
	had (etf)
bean s.	ffeuen, ffa (eb)
certified s.	had ardyst (eg)
hay s.	hadau gwair (ell)
s. bed	gwely hadau (eg)
s. coat (testa)	hadgroen (eg)
	testa (eg)
s. drill	dril hau/hadau (eg)
s. hay	gwair hadau (eg)
s. hopper	hopran hadau (eg)
s. mixture	cymysgedd hadau (eg)
s. stock	cronfa had (eg)
s. treatment	had-driniaeth (eb)
s. vessel	hadlestr (eg)
multiseeded	amlhadog (ans)
single seeded	unhadog (ans)
to seed	hau (be)
to run to seed (corn etc)	hodi (be)
seeding mechanism	peirianwaith hadu (eg)
seedling	eginblanhigyn, eginblanhigion (eg)
seedy cut (seedy belly)	melanedd cig moch (eg)
seedy toe	dirywiad parwydol y carn (eg)
segment	segment, segmentau (eg)
	cylchran, -nau (eb)
segmentation	segmentiad (eg)
	cylchraniad (eg)
segmented	segmennol (ans)
	cylchranedig (ans)
segregate, to	didoli (be)
	neilltuo(li) (be)

segregation	
1 genetics	1 ymwahaniad, -au (gametau) (eg)
2 livestock	2 didoliad, didoliadau (eg)
	neilltuoliad (eg)
seizure (illness)	trawiad, -au (eg)
	strôc (eb)
selection pressure	pwysau dethol (ell)
selective	detholus (ans)
selective advantage	mantais ddetholus (eb)
s. herbicide	llysleiddiad detholus (eg)
selenium (Se)	seleniwm (eg)
s. deficiency	diffyg seleniwm (eg)
see also - 'white muscle	
disease'	
self fertilisation	hunanffrwythloniad (eg)
self-poisoning	hunanwenwyniad, -au (eg)
to self-poison	hunanwenwyno (be)
self pollination	hunanbeilliad (eg)
self sterile	anffrwythlon (ans)
semen	semen (eg)
	hadlif (eg)
semicircular canals	camlesi'r glust (ell)
semi-conscious	lled-ymwybodol (ans)
	madfyw (ans)
seminal	semenaidd (ans)
	hadlifol (ans)

seminal vesicle	cwdyn y semen/yr hadlif (eg)
seminiferous tubule	tiwbyn semen/had (eg)
seminoma	seminoma (eg)
	ceilldyfiant (eg)
semipermeable	lledathraidd (ans)
senescence	heneiddedd (eg)
senescent	heneiddiol (ans)
senile	henddirywiol (ans)
senility	henddirywedd (eg)
sensation	teimlad, -au (eg)
sense	synnwyr, synhwyrau (eg)
sensitive	teimladol (ans)
	hydeiml (ans)
sensitivity	teimladrwydd (eg)
	sensitifedd (eg)
	hydeimledd (eg)
sensory	synhwyraidd (ans)
s. nerf	nerf synhwyraidd/synhwyro (eb)
sepal	sepal, -au (eg)
separate	ar wahân (ans)
to separate	gwahanu (be)
to s. milk	dihufennu llaeth (be)
separated	gwahanedig (ans)

319

separated milk	llaeth glas/sgim/dihufen (eg)
separating funnel	twndis gwahanu, twndisau gwahanu (eg)
	twmffat gwahanu, twmffatau gwahanu (eg)
separation	gwahaniad, gwahaniadau (eg)
separator	gwahaniadur, -on (eg)
sepsis	madredd (eg)
	sepsis (eb)
septic	madreddog (ans)
	septig (ans)
s. tank	carthdanc (eg)
septicaemia	septisemia (eg)
	gwaedwenwyniad (eg)
septum	parwyden, -nau (eb)
	gwahanfur, -iau (eg)
sequestrum	esgyrnddarn necrotig (eg)
serology	seroleg (eb)
serous (membrane)	pilen serws/feiddlyd (eb)
serous	serws (ans)
serum	serwm, sera (eg)
	maedd y gwaed/meiddwaed (eg)
serum agglutination test	prawf cyfludiad serwm (eg)
serve, to	cypladu/cyplysu (be)
e.g. of bull	tarwa (be)
of boar	baedda (be)
of ram	hwrdda (be)
of stallion	marchio (be)
serving	marchiad (etc) (eg)

service fee	tâl cyplysu (eg)
s. period	cyfnod cyplysu (eg)
sesamoid bones	esgyrn sesamoid/ithionaidd (ell)
sesamoiditis	sesamoiditis (eg)
sessile	di-goes (ans)
	rhydd (ans)
set (badger)	brochwal, brochwaliau (eg)
set, to	
1 form fruit	1 cnapio (be)
2 plant potatoes etc	2 gosod/dodi (be)
3 fracture	3 gosod (be)
	pen-bennu (be)
set-aside (land)	neilldir, -oedd (eg)
set fast (horses) - see	
'azoturia'	
set up/assemble (apparatus)	cydosod (cyfarpar) (be)
seton	setwn (eg)
setonise, to	setynnu (be)
sets, onion	nionod dodwy/gosod (ell)
setting of cream	hufennu (be)
settlement (rural)	anheddfa wledig (eb)
severe	
1 weather	1 garw (ans)
2 disease	2 hydost (ans)

sewage	carthion (ell)
sex	rhyw, -iau (eg)
s. chromosomes	cromosomau rhyw (ell)
s. linkage	cysylltedd rhyw (eg)
s. linked	rhyw-gysylltiedig (ans)
sex, to	dethol yn ôl rhyw (be)
	rhywnodi (be)
sexual	rhywiol (ans)
s. deviation	gwyriad rhywiol (eg)
s. frigidity	oerni rhywiol (eg)
s. impotence	analluedd rhywiol (eg)
s. intercourse	cyfathrach rywiol (eb)
shade (shelter)	cyhudd (eg)
	gwerfa, -oedd (eb)
shaft	llorp, -iau (eb)
	braich, breichiau (eb)
	siafft, -iau (eb)
	ceffyl siafft = draught horse
of feather	cwilsyn (pluen) (eg)
shaft(ing) (barn machinery)	gwerthyd, -oedd (echel) (eb)
shaggy	gorflewog (ans)
shake, to (the bottle)	ysgwyd (be)
	siglo (be)
shale	siâl (eg)
shallots	sialots (ell)
shallow (breathing)	(anadlu) gwan/bas (be)
shank	coesgyn, -nau (eg)

shape	ffurf, -iau (eb)
	siâp, -iau (eg)
share, to	rhannu (be)
share (plough)	swch, sychau (eb)
share-farming	ffermio cydran (be)
sharps	blawd coch bach (eg)
	eilion sil (ell)
sheaf	ysgub, -au (eb)
	gafr, geifr (eb)
shear, to	cneifio (be)
sheared/shorn	wedi ei gneifio
	cneifiedig (ans)
shearing	cneifiad (eg)
	cnaif, cneifion/cneifiau (eg)
shears	gwellau/gwellaif, gwelleifiau (eg)
sheath (horse prepuce)	gwain y castr (eb)
sheep	dafad, defaid (eb)
s. cote/fold	corlan, -nau (eb)
	cail defaid (eb)
	defeity (eg)
s. dip	
1 bath	1 trochfa, trochfeydd (eb)
2 chemical	2 trochlyn (eg)
s. dipping	trochi defaid (be)
s. ked - see 'ked'	
s. maggot fly	cleren bryfedu/gynrhoni defaid (eb)
s. mark (wool)	nod gwlân (eg)
s. (ear) mark - see	
'ear mark'	

s. nostril fly - see 'nasal bot fly'	
s. pox	brech y defaid (eb)
s. regime	cyfundrefn ddefaid (eb)
s. rot	y pwd (eg)
s. scab	clafr (eg)
s. tick	t(o)rogen, trogod (eb)
sheepwalk	arhosfa, arhosfeydd (eb)
	cynefin defaid (eg)
impounded s.	defaid siêd (ell)

sheep names:
ewe

ewe/gimmer lamb	oen benyw, wŷn benyw (eg)
	oenes (eb)
yearling ewe (hogg(et))	hesbin, -od (eb)
shear(l)ing ewe	hesbin flwydd, hesbinod blwydd (eb)
two-shear ewe	hesbin ddwyflwydd (eb)
draft ewe	dafad ddidol (eb)

ram (tup)	hwrdd, hyrddod (eg)
	maharen, meheryn (eg)
yearling (ram/hogg)	oen hwrdd (eg)
shear(l)ing ram	hwrdd blwydd (eg)
two-shear ram	hwrdd deuflwydd (eg)
aged ram	hen hwrdd (eg)

wether

hogg(et)/wether lamb	gwedder, gweddrod (eg)
wether hogg	gwedder (eg)
shear(l)ing wether	gwedder blwydd (eg)
two-shear wether	gwedder deuflwydd (eg)
full-mouthed wether	gwedder ceglawn (eg)

sheet	cynfas, -au (eb/g)
	llywionen, -nau (eb)
	s(h)iten, -nau (eb)
zinc s.	shiten sinc (eb)
(rug)	carthen, -ni (eb)

shell	plisgyn, plisg (eg)
	masgl, -au (eg)
shelter belt	cysgodlain, cysgodleiniau (eb)
shin (tibia)	crimog, -au (eb)
shin of beef	y goes las (eb)
shingle	brasraean (ell)
shippen/shippon - see	
'cowshed'	
shire horse	ceffyl gwedd/trwm (eg)
shiver	cryndod, -au (eg)
	cryd, -au (eg)
	rhyndod (eg)
shiverer (horse)	cefngrynwr (eg)
shoal (of fish)	haig, heigiau (eb)
shock	
1 general	1 ysgytwad, -au (eg)
2 electric etc	2 sioc (eg)
in a state of s.	mewn cyflwr sioc
shod	wedi ei b/phedoli
shoddy	brethyn gwael (eg)
shoe (horse)	pedol, -au (eb)
to shoe	pedoli (be)
shoeing	pedolad (eb)
tight s.	hoeldyn (ans)

shoot (of plant)	cyffyn, -iau (eg)
grafted shoot	cyffyn impiedig (eg)
shoot, to	
1 plant	1 egino (be)
2 gun	2 saethu (be)
short wave diathermy	diathermi ton-fer (eg)
shoulder	ysgwydd, -au/ysbawd (eb)
	palfais, palfeisiau (eb)
s. bone/blade	padell yr ysbawd/ysgwydd (eb)
s. of lamb	ysgwydd oen (eb)
point of s.	blaen y balfais (eg)
shoulder gall	gwasgysgwydd, gweisgysgwydd (eg)
shoulder girdle	gwregys yr ysgwydd (eb)
shovel	rhaw, rhofiau (eb)
to shovel	rhofio (be)
dung shovel	rhawbal (eb)
shredder	rhwygiadur (eg)
shrew, common	llyg cyffredin, llygon cyffredin (eg/b)
(*Sorex araneus*)	
shrew (water)	llyg y dŵr (eg/b)
(*Neomys fodiens*)	
shrub	llwyn, llwyni (eg)
shy, to (equine)	rhusio (be)
	tarfu (be)
shy (deer, horse etc)	ofnus (ans)
sialagogue	haliwydd, -ion (eg)

sib, sibling	sibling, -au (eg)
	genedigolyn, genedigolion (eg)
sick	tost (ans)
	sâl (ans)
	claf (ans)
	gwael (ans)
see also 'vomit'	
s. bay	salfa, salfeydd (eb)
s. land	nychdir, -oedd (eg)
sicken, to	clafychu (be)
	gwaelu (be)
sickle	cryman medi (eg)
sickle-hocked	gargrymanog (ans)
sickness	anhwylder (eg)
side bone	carnesgyrnedd (eg)
side effect	sgîl-effaith, sgîl-effeithiau (eb)
side of pig	ochr mochyn (eb)
	hanner mochyn (eg)
side-product (by-product)	sgîl-gynnyrch, sgîl-gynhyrchion (eg)
side (delivery) rake	ystodreg (eb)
	cribin ystodau (eb/g)
side raking	tanfeio (be)
siderosis	siderosis (eg)
sieve (for sifting)	gogr, gograu (eb)
	rhidyll, rhidyll, -au (eg)

sight	golwg, golygon (eg/b)
sigmoid	deugrwm (ans)
	sigmoid (ans)
sign	arwydd, -ion (eg)
significance	arwyddocâd (eg)
significant difference	gwahaniaeth arwyddocaol (eg)
silage	silwair (eg)
arable s.	silwair âr
big bale s.	caseg silwair (eb)
silo	ensildwr (eg)
grain s.	grawndwr (eg)
s. pit	ensilbwll (eg)
silt	manbridd (eg)
silver leaf disease	clwy'r ddeilen arian (eg)
silverside	ochr las y rownd (eb)
similarity	tebygrwydd (eg)
sinew (tendon)	tendon, -au (eg)
	gewyn cyhyrol (eg)
sinewy (tendonous)	tendonaidd (ans)
single seeded	unhadog (ans)
singleton (lamb)	(dafad) unoen (eg)
sinus	sinws, sinysau (eg)
	ceudwll, ceudyllau (eg)

sinusitis	sinwsitis (eg)
	ceudyllwst (eg)
siphon	disbyddbib (eb)
	siffon, -au (eg)
sire - see 'male'	
sire, to	tadogi (be)
sirloin	arlwyn-gig (eg)
	syrlwyn (eg)
Site of Special Scientific Interest (SSSI)	Safle o Ddiddordeb Gwyddonol Arbennig (eg)
sitfast (horse)	gwasgfriw y cefn (eg)
sitting of eggs	nythaid (eb)
skeleton	ysgerbwd, ysgerbydau (eg)
appendicular s.	ysgerbwd atodol (eg)
axial s.	ysgerbwd echelinol (eg)
endoskeleton	ysgerbwd mewnol (eg)
exoskeleton	ysgerbwd allanol (eg)
skewbald - see 'horse colours'	
skewer	(y)sgiweren, ysgiwerennau (eb)
skid(s)	gosail, goseiliau (dan gar llusg) (eb/g)
skim, to (milk)	dihufennu (be)
	codi hufen (be)

skin	croen, crwyn (eg)
s. graft	impiad croen (eg)
s. grafting	impio croen (be)
to skin	blingo (be)
to grow a (new) skin	magu croen newydd (be)
skin glanders (farcy)	clefyd cnapiog (eg)
skull	penglog, -au (eb)
slade	clocsen yr aradr (eb)
slag, basic	slag basig (eg)
slake, to (lime)	lladd calch (be)
	slecio (be)
slap/threat/stick test	prawf palfod/bygwth (eg)
slatted floor (as in poultry house)	llawr delltog (eg)
slaughter, to	lladd (be)
casualty s.	lladd anifail clwyfedig (eg)
cull s.	lladd cwlin (eg)
emergency s.	lladd argyfyngol (eg)
slaughterhouse	lladd-dy, lladd-dai (eg)
sledge	car llusg, ceir llusg (eg)
sledge hammer	gordd, gyrdd (eb)
sleek (condition of coat)	llyfndew (ans)
	mwythdew (ans)
slide	
1 microscopic	1 haenwydren, haenwydrau (eb)
	sleid, sleidiau (microsgopig) (eb)
2 photographic	2 tryloywden, tryloywdennau (eb)

slime	llysnafedd, llysnafeddau (eg)
slime fungi	ffyngau llysnafedd (ell)
sling	sling (eg)
	crogrwymyn (eg)
slip	llithriad (eg)
slipped epiphysis	llithriad epiffysis (eg)
slipper (bacon)	ystlys dew (eb)
slobber, to	glafoerio (be)
slough, to	
1 e.g. skin of snake	1 bwrw croen (be)
2 of necrotic tissue	2 bwrw meinwe llidus (be)
sludge	slwdj (eg)
	llaid (eg)
slug(s)	
1 gunshot	1 peledi dryll (ell)
	haelsen, haels (eb)
2 mollusc	2 malwen/malwoden noeth, malwod noeth (eb)
	gwlithen, -ni (eb)
slurry (farmyard)	biswail (eg)
	bistom (eg)
	bisweildom (eg)
small intestine	perfeddyn bach, perfeddion bach (eg)
	coluddyn bach, coluddion bach (eg)
smallholding	tyddyn, -nod (eg)
smallpox	y frech wen (eb)

smithy	gefail, gefeiliau (y gof) (eb)
smooth muscle	cyhyr anrhesog, cyhyrau anrhesog (eg)
smut, of wheat	y benddu (eg)
SNF (solids not fat)	soledau nad ydynt fraster (SNF)(ell)
snaffle	genfa golfachog (eb)
snail	malwen/malwoden, malwod (eb)
snake bite	brathiad neidr (eg)
snare	
1 trapping of animal	1 magl, -au (eb)
	croglath, -au (eb)
2 surgery/obstetrics	2 byddag, -au (eb)
snarl, to	ysgyrnygu (be)
snath (sned)	coes pladur (eb)
sneeze, to	tisian (be)
	trwsian (be)
	taro untrew (be)
sniff, to	ffroeni (be)
snood	crogrib twrci (eb)
snort, to	hyffroeni (be)
	ffroenochi (be)
snout	trwyn, -au (eg)
	duryn (eg)
s. ring - see 'ring, pig'	

snowberry (*Symphoricarpos albus*)	llus eira (ell)
soak, to	mwydo (be)

socket
  1 eye
  2 joint
	1 crau'r llygad (eg)
	2 crau, creuau (eg) (cymal)

sod	tywarchen, tywyrch (eb) clotsen, clots (eb)

soda
  caustic soda
  washing soda
	soda (eg)
	soda brwd (eg)
	soda golchi (eg)

soda lime	calch soda (eg)
sodium (Na)	sodiwm (eg)
soft palate	taflod feddal (eb)
soft tissue	meinwe feddal (eb) cnodwe feddal (eb)
soil	pridd, -oedd (eg)

soil erosion
  s. moisture deficit
  s. profile
  s. structure
  s. texture
  s. weathering
	erydiad pridd (eg)
	cyfradd diffyg lleithder (y pridd) (eb)
	haenlun pridd (eg)
	adeiledd pridd (eg)
	gweadedd pridd (eg)
	hindreuliad pridd (eg)

sole
  bruised s.
  burnt s. (shoeing)
	gwadn, -au (eb)
	gwadn gleisiedig (eg)
	carnllosgedd (eg)
	carnllosg (ans)

solid	soled, soledau (eg)
	soled (ans)
solidify, to	ymgaledu (be)
	ymsoledu (be)
soliped	soliped, -au (eg)
	uncarnyn (eg)
solubility	hydoddedd (eg)
soluble	toddadwy (ans)
	hydawdd (ans)
solute	toddyn (eg)
solution	toddiant, toddiannau (eg)
aqueous s.	t. dŵr (eg)
blue litmus s.	t. litmws glas (eg)
Fehlings s.	t. Fehling (eg)
oily s.	t. olew (eg)
standard s.	t. safonol (eg)
solvate, to	toddyddu (be)
solvated	toddyddedig (ans)
solvation	toddyddiant (eg)
solvent	toddydd, toddyddion (eg)
solvent extraction	echdyniad â thoddydd
somatic	somatig (ans)
	corffol (ans)
soporific	hunbeiryn (eg)

sore
   (see also 'throat, sore')
	dolur, -iau (eg)
	   briw, -iau (eg)
	 dolurus (ans)
	 tost (ans)

running s.	llindardd (eg)
suppurating s.	crawnfriw (eg)
sore shin (equine)	crimog ddolurus (eb)
sorrel	suran (eg) dail surion bach (ell)
common s. (*Rumex acetosa*)	suran y cŵn (eg)
sheep's s. (*Rumex acetosella*)	suran yr ŷd (eg)
sound (of an animal)	holliach (ans)
sour, to turn	suro (be)
source	ffynhonnell, ffynonellau (eb)
sourness (soil)	surni pridd (eg)
sow	hwch, hychod (eb)
sow, to	hau (be)
soya beans	ffa soia (ell)
space (between cells)	gwaglyn, gwaglynnau (eg)
spacing	gwahaniad, gwahaniadau (eg)
spade	pâl, -au (eg) (be) rhaw, rhofiau (eb) (Gogledd)

spare rib	asen fras (eb)
	cig briw (eg)
	sbarib (eg)
best spare rib	asen fraen (eb)
	llygoden/cwningen (eb)
spasm	sbasm, -au (eg)
death s.	crebachiad angau (eg)
gut s.	gwayw (eg)
muscle s.	crebachiad, -au (eg)
	gwrwst, gwrystau (eb/g)
spasmodic	ysbeidiol (ans)
	sbasmodig (ans)
spastic	sbastig (ans)
spasticity	sbastigedd (eg)
spatial	gofodol (ans)
spatial relationship	cydberthynas ofodol (eb)
spatula	(y)sbadell, -au (eg)
spavin	sbafin (eb)
	llyncoes (eg)
blood s.	sbafin y gwaed (eb)
bog s.	coden y gar (eb)
spawn	
1 (of fish)	1 gronell, gronellau (eg)
	sil, silod (eg)
to spawn	silio (be)
2 of mushrooms	2 grawn madarch (ell)
spay, to - see 'neuter'	
specialisation	arbenigaeth, arbenigaethau (eb)

specialised	arbenigol (ans)
speciation	rhywogaethedd (eg) ffurfiant rhywogaeth(au) (eg)
species	rhywogaeth, rhywogaethau (eb)
specific	penodol (ans) sbesiffig (ans)
specific gravity	dwysedd cymharol (eg)
specificity (enzyme)	penodoledd (eg) sbesiffigrwydd (eg)
specimen	sbesimen, sbesimenau (eg) gwrthrych, gwrthrychau (eg)
speculate, to (commerce)	hapfasnachu (be) mentro (be)
speculum	sbecwlwm (eg)
speedy cut	tuthrwyg (eg)
sperm	sberm, -au (eg) (gwryw)had (eg)
spermatic	sbermatig (ans) gwrywhadol (ans)
spermatocele	coden had (eb)
spermatogenesis	sbermatogenesis (eg)
spermicidal	sbermleiddiol (ans)
spermocyte	sbermoseit, -iau (eg) sbermocyt, -au (eg)

spherical	sfferaidd (ans)
	cyfrgrwn (ans)
sphincter	cyhyryn modrwyol (eg)
	sffincter (eg)
spike	(y)sbigyn, -au (eg)
spikelet	(y)sbigolyn, (y)sbigolion (eg)
spinach	(y)sbinais (eg)
	pigoglys (eg)
spinal	sbinol (ans)
	colofnol (ans)
s. column	asgwrn (y) cefn (eg)
s. nerve	y nerf sbinol (eb)
spinal cord	madruddyn y cefn (eg)
	mwydyn y cefn (eg)
spinal reflex	atgyrch sbinol (eg)
spindle	gwerthyd, gwerthydau (eb)
spine (see 'backbone')	asgwrn (y) cefn (eg)
spine (plants, fish, hedgehog etc) - see also 'thorn'	draenen, drain (eb)
	pigyn, pigau (eg)
spinner (potatoes)	ysgathrgodwr tatws (eg)
spinneret	nyddolyn, nyddolynnau (eg)
spiral	troellog (ans)
spirits, surgical etc	gwirod (ell)

spirochaete	sbirochaet, sbirochaetau (eg)
splanchnic	perfeddol (ans)
spleen	dueg (eb)
	poten ludw (eb)
splenic	duegol (ans)
splenomegaly	duegfawredd (eg)
	sblenomegali (eg)
splint	
1 surgical support	1 sblint, -iau (eg)
	dellten, delltenni (eb)
2 bone (horse)	2 metacarpws ochrol (eg)
3 exostosis	3 cnap ar y goes (eg)
splinter	ysgyren, ysgyrion (eb)
	fflaw, -iau (eg)
split hoof - see	
'sandcrack'	
spoke (of wheel)	adain, adenydd (olwyn) (eb)
spondylitis	sbondylitis (eg)
spondylosis	sbondylosis (eg)
sponge	(y)sbwng, (y)sbyngau (eg)
spongy bone	asgwrn meddal (eg)
spontaneous	digymell (ans)
spontaneous generation	ymdarddiad digymell (eg)
	abiogenesis (eg)

sporadic	achlysurol (ans)
	ysbeidiol (ans)
spore	sbôr, sborau (eg)
spores, dispersal of	gwasgariad sborau (eg)
sporogonium	sborogoniwm, sborogonia (eg)
spot	man, mannau (eg)
	ysmotyn, ysmotiau (eg)
to spot	smotio (be)
spout	pig, -au (eb)
sprain	ysigiad, -au (eg)
	ysigo (be)

spray
  1 jet
    act of spraying   1 chwistrelliad, -au (eg)
    instrument (= sprayer)   chwistrellydd, -ion (eg)

  2 spray (of flowers etc) 2 sbrigyn (eg)

Spring cultivation	tirdriniaeth y Gwanwyn (eb)
spring toothed harrow	oged lamddant (eb)
springer cow	buwch yn ei hâl (eb)
sprout, to	egino (be)
brussel sprouts	(y)sgewyll (ell)
spruce (tree)	pyrwydden (eb)

spur
  1 bird leg   1 ysbardun, -au (eg)
  2 fruit branch   2 ffrwyth-frigyn (eg)

340

sputum	carthboer (eg)
squamous	cennog (ans)
squint - see 'strabismus' 'it has a squint'	'mae'n llygatgroes'
stab to stab	gwaniad (eg) trywanu/gwanu (be)
stability	sefydlogrwydd (eg)
stabilize, to	sefydlogi (be)
stable (equine) s. loft	ystabl, -au (eb) taflod, -ydd (eb) llofft (y)stabl (eb)
stable (constant)	sefydlog (ans)
stack, of corn to stack corn	tas ŷd, teisi ŷd (eb) helm lafur, helmi llafur (eb) helmu (be)
stack elevator	codwr pentwr (eg)

stag
  1 red deer
    (*Cervus elaphus*)
    stag, hart
    hind
    calf
  2 boar/bull
    castrated in maturity
	
	carw, ceirw (eg)
	ewig, -od (eb)
	elain, elanedd (eb)
	twrch/bustach cryf (eg)

stag hound
  male
  female
	
	gellgi, gellgwn (eg)
	gellast, gelleist (eb)

stage
  1 aspect
  2 grade
  3 of life (cycle)

1 gwedd, gweddau (eb)
2 gradd, graddau (eb)
3 cyfnod, cyfnodau (eg)
  datblygiad, datblygiadau (eg)

stagger, to

honcian (be)

staggers (horses)

cysb/y gysb (eb)
y ddera (eb)

staggers (sheep, cattle)
  (*hypomagnesaemia*)

dera'r borfa (eb)
hypomagnesemia (eg)

stagnant (water)

merddwr, merddyfroedd (eg)

stagnant pond

merllyn, -noedd (eg)

stagnation

disymudedd (eg)

stain

staen, staeniau (eg)

stain (a section)

staenio (toriad) (be)

stained preparation

gwrthrych staenedig (eg)

stainless

gwrthstaen (ans)
gloyw (ans)

stainless steel

dur gwrthstaen (eg)

stale
  (not fresh)

  to stale (equine
     urine)

hen/henaidd (ans)
mws (ans)
troethi (be)
piso (be)

stalk

coesyn, coesynnau (blodyn, deilen,
  etc) (eb)

stalk, to	cuddhela (be)
stall	(y)stâl, -au (eb)
to stall	
1 of horse - see 'jib'	
2 of engine	tagu (be)
stallion	march, meirch (eg).
	(y)stalwyn, -i (eg)
stamen	briger, brigerau (eb)
staminate	brigerog (ans)
staminode	gau friger (eb)
stamping (horses)	pystylad (be)
stand, to (pregnant)	wedi sefyll (beichiog)
	beichiogi (be)
standard	safon, safonau (eb)
	safonol (ans)
s. (on cart)	brân, brain (eb)
	sleidr (eb)
s. man day	dyddgwaith safonol, dyddiau gwaith
	safonol (eg)
s. tree/shrub	coeden rydd-dwf (eb)/llwyn rhydd-dwf (eg)
standardise, to	safoni (be)
stapes (ear)	gwarthafl y glust, gwarthaflau'r glust (eb)
staple	
fence	ystwffwl, ystyffylau (eb)
see also 'wool'	
staple diet	lluniaeth sylfaenol (eg)

star (horse forehead)	seren wen (eb)
starch	starts, startsiau (eg)
s. equivalent	cyfwerth starts (eg)
starchy foods	bwydydd starts/ynni (ell)
stare, to	rhythu (be)
	llygadrythu (be)
start, to (sudden movement)	tarfu (be)
starvation	newyn, -au (eg)
state	cyflwr, cyflyrau (eg)
steading	tai maes/allan (ell)
steak	golwyth (eidion), -ion (eg)
	stêc(en) (eg)
steam	ager (eg)
	stêm (eg)
to steam	ageru (be)
steam bone flour	blawd esgyrn (eg)
steam sterilisation	steryllu ag ager (be)
steam up, to	dwysfwydo cyn lloia (be)
	maethfwydo buwch (be)
steaming up	maethfwydo (be)
steatorrhoea	seimgarthedd (eg)
	steatorrhoea (eg)
steatosis	steatosis (eg)
steed	cadfarch (eg)
	amws, emys (eg)

steel	dur, duroedd (eg)
steel wool	durwlan (eg)
steer (cattle)	bustach, bustych (eg)
	eidion, -nau (eg)
stem	coesyn, coesynnau (eb)
	stem, stemiau (eġ)
stenosis	culhad (eg)
	stenosis (eg)
stenotic	culhaol (ans)
	stenotig (ans)
stercolith - see	tomgarreg, tomgerrig (eb)
'faecolith'	
sterile (bact.)	steryll (ans)
sterile (reprod.)	diepil (ans)
	anffrwythlon (ans)
sterility (bact.)	sterylledd (eg)
sterility (reprod.)	diepiledd (eg)
	anffrwythlonedd (eg)
sterilize, to (bact.)	steryllu (be)
sterilize, to (reprod.)	diffrwythloni (be)
- see 'castrate, spay'	
sternal	sternol (ans)
sternum	cledr y ddwyfron (eg)
	asgwrn y frest (eg)
	sternwm (eg)

steroid	steroid, -au (eg)
sterol	sterol, -au (eg)
stertor	stertor (eg)
	chwyrnogl (eb)
stertorous (breathing)	chwyrnog (wrth anadlu) (ans)
stethoscope	stethosgôp, stethosgopau (eg)
	corn meddyg (eg)
to use a stethoscope	cornio (be)
sticking (of meat)	gwan-gig (eg)
stifle (joint)	cymal isa'r forddwyd (ceffyl, ci) (eg)
stile	camfa, camfeydd (eb)
	(y)sticil/sticill (eb)
still-birth	marw-enedigaeth, -au (eb)
still-born	marw-anedig (ans)
s. calf	marwlo/marllo (eg)
to give birth to a	marlloia (be)
stimulant	symbylydd, -ion (eg)
stimulate, to	symbylu (be)
stimulus	symbyliad, -au (eg)
sting	
1 anatomy	1 colyn, -nau (eg)
2 wound	2 pigiad, -au (eg)
to sting	pigo (be)
	brathu (be)
	colynnu (be)

stir, to	
1 of a liquid	1 troi (be)
2 perturbance	2 cynhyrfu (be)
stirrer	tröydd, troyddion (eg)
stirrup	gwarthafl, -au (eb)
	gwarthol, -ion (eb)
stitch	pwyth, -au (eg)
to stitch	pwytho (be)
stoat	carlwm, carlymiaid (eg)
stock	
1 of gun	1 ysgwyddbren dryll (eb)
2 supply	2 stoc (eg)
	cyflenwad, -au (eg)
livestock	da byw (eg)
deadstock	offer ffarm/pethau ffarm (ell)
	marwbeth (eg)
stocking rate	cyfradd stocio (eb)
stocks (holding device)	cyffion (anifail) (ell)
stockyard	milfuarth (eb)
stomach	cylla (eg)
	(y)stumog (eb)
s. tube	tiwb cylla (eg)
stomatitis	safnwst (eg)
	stomatitis (eg)
stone	
1 rock	1 carreg, cerrig (eb)
2 unit of weight	2 stôn, -au eb)

stook	ystacan, -od gafr, -od (eb)
stook, to	ystacanu (be) gafrio (be)
stook, milking	stwc odro (eb)
stool, milking	stôl odro (eb)
stopper	caead, caeadau (eg) topyn, topynnau (eg)
storage organ	organ storio, organau storio (eg)
store	ystorfa, ystorfeydd (eb)
store cattle, etc	gwartheg/da stôr (ell) gwartheg cadw (ell)
stored carbohydrate	carbohydrad stôr (eg)
strabismus	llygad tro (eg) llygatrawsi (eg) llygatgroes (ans)
straddle, to	coesledu (be)
strain	
1 expulsive	1 straeniad, -au (eg) fforsiad, -au (eg)
to strain	straenio (be) fforsio (be)
2 lineage	2 llinach, -au (eb)
3 to filter	3 hidlo (be)
strangles	ysgyfeinwst (eg)
strangulated	llindagedig (ans)

strangulation	llindagiad, -au (eg)
strangury	carchar dŵr (eg)
stratification	haeniad, haeniadau (eg)
stratified to stratify	haenedig (ans) haeniadu (be)

straw
  kind of
  single s.
	gwellt (etf ac ell)
	gwelltyn (eg)
	gwellten (eb)

stray (sheep)	dafad strae/grwydr (eb) dafad goll(edig) (eb) diarddel, -ion (eg)
strays, court of	llys diarddelion (eg)
streak (e.g. blood)	hirol, -ion (gwaed) (eg)
stress	tyndra (eg)
stretcher	cludwely (eg)
stria (pl. striae)	stribed, -i (eb)
striated muscle - see 'muscle'	
stricture	culfan (eb/g)
stride (horse)	cam, -au (eg)
strike, to (of insects)	pryfedu (be) cynrhoni (be)
stringhalt	garherciad (eg)

strip, to (a cow)	ailodro (be)
	stripian/tician (be)
strip cup	llestr blaenodro (eg)
strip grazing (close folding)	llainbori (eb)
stripe (horse head)	balwen gul (eb)
	bali gul (eb)
strippings (milk) - see also 'milk, second'	armel (eg)
stroke	trawiad, -au (eg)
	strôc (eb)
stroke, to	pratio (be)
	canmol (ci) (be)
strontium (Sr)	strontiwm (eg)
structural	adeileddol (ans)
	fframweithiol (ans)
structural difference	gwahaniaeth adeileddol (eg)
structure	adeiledd, -au (eg)
	fframwaith, fframweithiau (eg)
structure, a single definable	ffurfiad, ffurfiadau (eg)
struggle for survival	ymdrech goroesi (eb)
stubble	sofl, -au (eg)

stud	
1 nail	1 hoelen glopa (eb)
2 herd	2 gre, -oedd (eb)
3 of horseshoe	3 troellen pedol
s. book	llyfr greoedd (eg)
s. farm	grefa (eb)
s. groom	grëwr, grewyr (eg)
s. mare/stallion	caseg rewys, cesyg grewys (eb)/march grewys (eg)
stun, to	taro'n anymwybodol (be)
	madfywio (be)
stupor	hurtrwydd (eg)
	pendrymedd (eg)
sturdy (coenurosis, gid)	y bendro (eb)
	coenwrosis (eg)
sty	twlc mochyn/cwt mochyn/crau mochyn (eg)
sty forecourt	ffronc/ffranc (eb)
stye	llyfrithen, -nau/llyfrithod (eb)
	llefelyn, -od (eg)
style	
1 botany	1 colofnig, -ion (eb)
2 zoology	2 styl, stylau (eg)
styptic	styptig (ans)
	gwaedataliol (ans)
styptic agent	gwaedatalydd, -ion (eg)
subacute	is-lym (ans)
subcellular	isgellog (ans)
subcostal	tanasennol (ans)

sub-culture	isfeithriniad, -au (eg)
to sub-culture	isfeithrin (be)
subcutaneous	isgroenol (ans)
sublingual	isdafodol (ans)
subluxation	lled-ddatgymaliad, -au (eg)
submandibular	isgernol (ans)
submaxillary	isfacsilaidd (ans)
submerged	soddedig (ans)
semi-submerged	lled-soddedig (ans)
subneural	isnewrol (ans)
subpharyngeal	isffaryngeal (ans)
subsidence	ymsuddiant (eg)
subsidy	cymhorthdal, cymorthdaliadau (eg)
subsistence farming	ffermio pringynnal
subsoil	isbridd (eg)
subspecies	isrywogaeth, -au (eb)
substance	sylwedd, -au (eg)
substitute, to	amnewid (be)
substitute	amnewidyn (eg)
substitution	amnewidiad, -au (eg)
substratum	is-haen (eb)

succession	olyniaeth, -au (eb)
succulence	suddlonedd (eg)
succulent	suddlon (ans)
succulent plant	planhigyn suddlon (eg)

sucker
  1 organ of attachment
  2 young foal
	
	1 sugnolyn, sugnolynnau (eg)
	2 ebol ifanc (eg)
	  swclyn (eg)

sucking (dairy cows)	camsugno (be)

suckle, to
  1 by offspring
  2 by dam
	
	sugno (be)
	rhoi sugn i (be)

suckler calf/cow	llo sugno (eg) buwch sugno (eb)
suckling (machine) multiple s.	peiriant trefnsugno (eg) lluosugno (be)
sucrose	swcros (eg)
suction	sugnedd, -au (eg)
suction pressure	gwasgedd sugnol, gwasgeddau sugnol (eg)
sudorific	chwysbeiryn (eg) chwysbeiriol (ans)
suet	braster eidion (eg)
suffocate, to	mygu (be) mogi (be)

suffocation	mogfa (eb)
	mygfa, -feydd (eb)
sugar	siwgr, siwgrau (eg)
s. beet (pulp)	(mwydion/pwlp) betys siwgr (eg)
brown s.	siwgr brown (eg)
	siwgr coch (eg)
s. content	cynnwys siwgr (eg)
sulcus	rhych, -au (eb)
sulphate	sylffad, -au (eg)
sulphonamide	sylffonamid, -au (eg)
sulphur (S)	sylffwr (eg)
sulphuric acid	asid sylffwrig (VI) (eg)
sulphurous acid	asid sylffwrig (IV)
	(asid sylffwrus) (eg)
summer abode	hafoty, hafotai (eg)
summer grazing	hafbori (be)
	porfa haf (eb)
sunburn	llosg haul (eg)
sunflower	blodyn yr haul, blodau'r haul (eg)
(*Helianthus annus*)	haul-flodeuyn, haul-flodau (eg)
s. seed oil	olew hadau'r haul-flodeuyn (eg)
sunken eye	soddlygadog (ans)
sunlight	golau haul (eg)
in s.	yn wyneb haul
lack of s. (area)	cilhaul, cilheuliau (eg)
	lle cefn haul (eg)

sunstroke - see 'heat stroke'	
superheat	hyboethedd (eg)
superheated steam	ager hyboeth (eg)
supernumerary teat	teth fach/ddiflith, tethi bach/diflith (eb)
supplement (minerals etc)	atchwanegyn, atchwanegion (mwynau) etc. (eg)
supplementary feeding	porthiant atodol/atchwanegol (eg)
supply (of food etc.)	cyflenwad, -au (eg)
support (skeletal function)	cynhaliad, cynaliadau (eg)
supportive treatment	triniaeth gynhaliol (eb)
suppository	bolen refrol, bolenni rhefrol (eb)
suppression (urine)	diffyg troethffurfiad (eg)
suppurate, to	crawni (be)
suppuration	crawnlidiad (eg)
supra-	uwch-
supraorbital	uwchael (ans)
suprapharyngeal	uwchffaryngeal (ans)
suprarenal	uwcharennol (ans)
sure-footed (equine)	carngraff (ans)
surface respiratory surface surface area	arwyneb, arwynebau (eg) arwynebedd resbiradol (eg) arwynebedd, -au (eg)

surface tension	tyndra arwyneb (eg)

surgery
  1 place (veterinary)
  2 treatment
	
	1 milfeddygfa, milfeddygfeydd (eb)
	2 llawfeddygaeth, -au (eb)

surgical	llawfeddygol (ans)
surplus	gwarged (eg)
surrogate (mother)	amnewidfam (eb)
survey	arolwg, arolygon (eg)
survival s. rate	goroesiad, -au (eg) cyfradd goroesi (eg)
survival of the fittest	goroesiad y cymhwysaf (eg) 'trechaf treisied'
survival value	gwerth goroesol, gwerthoedd goroesol (eg)
survive, to	goroesi (be)

suspension
  1 mixture
 	
  2 mechanical
	
	1 daliant, daliannau (Cem.) (eg)
	   trwyth, -i (eg)
	2 hongiad (tractor) (eg)

suspensory ligament
  1 eye lens
  2 horse's fetlock
	
	1 gewyn cynhaliol (eg)
	2 crogrwymyn yr egwyd (eg)

sustenance	lluniaeth (eb)

suture
  1 stitch
  2 bone fusion
  s. line
	
	1 pwyth, -au (eg)
	2 asiad, -au (eg) (am esgyrn)
	llinell bwytho (eb)

swab	goreth, -au (eg)
to swab (surgical)	gorethu (be)
to swab (bacteriological)	samplu (be)
sward	tir glas (eg)
	glastir (eg)
swarm (bees)	haid, heidiau (eb)
last s. from hive	melhaid (eb)
swath(e)	ystod, -au (eb)
	gwanaf, gwaneifiau (eb)
s. turner - see 'side rake'	
swayback	tindro (eg)
	cefn gwan (eg)
sweat	chwys (eg)
to sweat	chwysu (be)
sweat gland	chwarren chwys, chwarennau chwys (eb)
sweat pore	chwystwll, chwystyllau (eg)
(a) sweating	chwysfa, chwysfeydd (eb)
swede	erfinen, erfin (eb)
sweep rake	ysgubydd gwair (eg)
sweet corn	corn/indrawn melys (eg)
sweet itch	(y)sgrwff (eg)
sweet rib	asen drwchus (eb)
sweet vernal-grass	chwyth yr ŵydd (eg)
(*Anthoxanthum odoratum*)	eurwellt (eg)

sweetbread - see 'pancreas'	
swell, to	chwyddo (be)
swelling	chwydd, -au (eg)
	chwyddi (eg)
swill (pig)	golchan, -au (eg)/golchion (ell) (moch)
swine dysentery	gwaedgarth y moch (eg)
swine fever (hog cholera)	clwy'r moch (eg)
	geri'r moch (eg)
swine pox - see 'pig pox'	
swine vesicular disease (SVD)	clefyd pothellog moch (eg)
swineherd	meichiad (eg)
swingletree - see 'whippletree'	
symbiosis	cydhoedledd (eg)
	symbiosis (eg)
symbiotic	cydhoedlog (ans)
	symbiotig (ans)
symmetrical	cymesur(ol) (ans)
symmetry	cymesuredd, cymesureddau (eg)
sympathetic	ymatebol (ans)
	sympathetig (ans)
s. nervous system	cyfundrefn/system nerfol ymatebol (eb)
sympodial	amlgeinciog (ans)

symptom	symptom, -au (eg)
of disease	clefydnod, -au (eg)
symptomatic	symptomatig (ans)
synapse	synaps, synapsau (eg)
synaptic	synaptig (ans)
syncope	llewyg, -on (eg)
synchronizer	cydamseriadur, cydamseriaduron (eg)
synchronous	cydamseredig (ans)
syndactyly	clymfysedd (eg)
syndrome	syndrôm, -au (eg)
e.g. egg/milk drop syndrome	syndrôm gostyngiad wyau/llaeth (eg)
synergism	cydweithedd, cydweitheddau (eg)
	synergedd, synergeddau (eg)
synergistic	cydweithiol (ans)
	synergaidd (ans)
synopsis	crynodeb, crynodebau (eg)
	talfyriad, talfyriadau (eg)
synovectomy	trychiad synofaidd (eg)
	synofectomi (eg)
synovia (= synovial fluid)	synofia (eg)
synovial	synofaidd (ans)
s. fluid (= synovia)	hylif s. (eg)
synthesis	synthesis, synthesisau (eg)
	cyfosodiad, -au (eg)

synthesise, to	synthesu (be)
	cyfosodi (be)
	cyfansoddi (be)
synthetic	synthetig (ans)
	gwneud
syphon	siffon, siffonau (eg)
syringe	chwistrell, -au, -i (eb)
syrup	syryp, syrypau (eg)
syrupy	syrypaidd (ans)
system	cyfundrefn, -au (eb)
	system, -au (eb)
e.g., excretory s.	cyfundrefn ysgarthu (eb)
reproductive s.	cyfundrefn genhedlu (eb)
systemic (e.g. of insecticides)	hollgorffol (ans)
systole	systole (eg)
	cyfangiad y galon (eg)
Table (of tooth)	copa dant (eg)
table bird	aderyn pryd (eg)
	dofedn at goginio (eg)
tachycardia	chwimguriad (eg)
tachypnoea	chwimanadledd (eg)

tack	
1 seasonal feeding	1 tac (eg)
e.g. tack sheep	defaid tac/cadw (ell)
to put out to tack	gaeafu (be)
2 sewing	2 brasbwythyn (eg)
to tack (sew)	brasbwytho (be)
3 equine equipment	3 tac (eg)
	offer ceffyl (ell)
tactile	cyffyrddol (ans)
tail	cynffon, -nau (eb)
	cwt, cytiau (eg/b)
tailings	manyd (eg)
	tinion grawn (ell)
taint	adflas, -au (eg)
	cwt (eg/b)
	rhòch (eb)
take-all	haint gwyn/haint wen (eg/b)
Talfan disease (pigs)	clefyd Talfan (eg)
tallow	gwêr defaid (eg)
tame, to	dofi (be)
tannery	tanerdy, tanerdai (eg)
tannin	tanin, taninau (eg)
tap (faucet)	tap, -iau (eg)
tap root	prif wreiddyn, prif wreiddiau (eg)
tape	tâp, tapiau (eg)
	incil (eg)

taper	tapr (eg)
to taper	tapro (be)
tapetum	tapetwm (eg)
tapeworm(s)	llyngyren lydan, llyngyr llydan (eb)
	cyllbyrion (ell)
tare weight	pwysau cynhwysydd (eg)
tares and vetches	efrau a ffacbys (ell)
tariff	diffyndoll (eb)
tarsal	tarsol (ans)
	garrol (ans)
tarsus (hock)	tarsws (eg)
	gar, -rau (eg)
tassel (turkey's neck)	myngudyn (twrci) (eg)
taste	blas (eg)
to taste	blasu (be)
taste bud(s)	blasbwynt, -iau (eg)
tattoo	tatŵ (eg)
tax	treth, -i (eb)
taxonomy	tacsonomeg (eg)
	dosbartheg (eg)
team (draught horses)	gwedd, -au (eb/g)
tear	
1 rip	1 rhwyg, rhwygiadau (eg)
2 lacrymal	2 deigryn, dagrau (eg)

tear duct	dwythell ddagrau (eb)
teart (peat scours)	molybdenosis (eg)
teaser (ram, bull)	ymlidiwr (eg)

teat
  blocked t.
  bottle t.
	teth, -i/-au (eb)
	teth rwym (eb)
	teth fawr (eb)

teat pipette	diferydd, diferyddion (eg)
teat syphon	siffon llaeth (eg) pibell deth (eb)
technician	technegydd, technegyddion (eg)
technique experimental t.	techneg, technegau (eg) techneg arbrofi (eg)
technology (milk)	technoleg (llaeth) (eg)
ted (hay), to	troi'r gwair (be) gwasgaru'r gwair (be) chwalu'r gwair (be)
tedder	trowr/gwasgarydd/chwalwr gwair (eg)
teethe, to	danheddu (be) magu dannedd (be)
teething	gwaith dannedd (eg)
teg(g) (sheep,deer)	llwdn (blwydd), llydnod (eg)
telangiectasis	telangiectasis (eg)

temperature	
1 ambient t.	1 tymheredd (eg) (ystafell etc.)
2 body t.	2 gwres (corff) (eg)
temple	arlais, arleisiau (eb)
temporal	arleisiol (ans)
t. lobe	llabed yr arlais (eb)
tenancy	deiliadaeth (eb)
	tenantiaeth (eb)
tenant	deiliad, deiliaid (eg)
	tenant, -iaid (eg)
tender	tyner (ans)
tender (a price)	pris cynnig (eg)
	cynicbris (eg)
to tender	prisgynnig (be)
tender-loin	blaenlwyn (eb)
tendinitis	tendinitis (eg)
tendon	tendon (eg)
	gewyn cyhyrol (eg)
t. sheath	gwain y tendon (eb)
	gwain gewyn cyhyrol (eb)
tendons of origin	tendonau tarddol a
and insertion	thendonau mewniad (ell)
tendril	tendril, tendrilau (eg)
tenesmus	tenesmws (gwayw) (eg)
	carth-ymdrechboen (eg)
tenosynovitis	tenosynofitis (eg)

tenotomy	tendondoriad (eg)
tension	tyndra (eg)
tenure (period)	cyfnod deiliadaeth (eg)
security of t.	sicrwydd deiliadaeth (eg)
tepid	claear (ans)
teratogen	teratogen, -au (eg)
teratoma	teratoma (eg)
term	
1 gestation period	cyfnod beichiogi (eg)
2 end of pregnancy,	amod (eb)
of cow	âl, alau (eb)
terminal (disease etc)	terfynol (ans)
t. bud	penflaguryn, penflagur (eg)
t. sire	gwryw terfynol (eg)
terminal (electricity)	terfynell, -au (eg)
terrain (land)	tirwedd (eb)
terrestrial	daearol (ans)
terrier	
1 dog	1 daeargi, daeargwn (eg)
2 document	2 tirgofnod, -ion (eb)
territory	tiriogaeth, tiriogaethau (eb)
tertiary	trydyddol (ans)
Teschen disease/Talfan	clefyd Talfan/Teschen (eg)
disease (viral	parlys y moch (eg)
encephalomyeltis of	
swine)	

test	prawf, profion (eg)
test tube	tiwb prawf, tiwbiau prawf (eg)
test tube rack	rhesel tiwbiau prawf, rheseli tiwbiau prawf (eb)
testa	hadgroen, hadgrwyn (eg)
testicle, testis	caill, ceilliau (eb)
	carreg, cerrig (eb)
testicular	ceilliol (ans)
testosterone	testosterôn (eg)
tetanus	genglo (eg)
	tetanws (eg)
tetany	tetanedd cyhyrau (eg)
transit t.	tetanedd cludo (eg)
tether	tennyn, tenynnau (eg)
to tether	rhoi wrth dennyn (be)
	clymu (be)
tetraploid	tetraploid (ans)
	pedeirynnol (ans)
texture	gweadedd (eg)
	swmp (eg)
	ansawdd (eg)
grainy t.	gweadedd gronynnog (eg)
spongy t.	gweadedd sbyngaidd (eg)
thatch	to gwellt/brwyn/cawn (eg)
to thatch	toi (be)

thaw (period of) to thaw	(cyfnod) dadlaith/dadmer (eg) dadlaith (be) dadmer (be) meirioli (be)
theory	theori (eg) damcaniaeth, -au (eb)
therapeutic	therapiwtig (ans) triniaethol (ans)
therapy	therapi, -ïau (eg) triniaeth, -au (eb)
thermography	thermograffeg (eb)
thermometer	gwresfesurydd, -ion (eg) thermomedr, -au (eg)
thiamine (aneurine, vitamin B1)	thiamin (eg)
thigh (femur)	morddwyd, -ydd (eb)
thin (plants), to	teneuo (be)
thin sow syndrome	hychfeinedd (eg)
thinnings	teneuon (ell)
third eyelid - see 'nictitating membrane'	
thirst	syched (eg)
thistle spp.	ysgallen, ysgall (eb)
thoracic	thorasig (ans) brongistaidd (ans)

thorax	thoracs (eg)
	brongist (eb)
thorn	draenen, drain (eb)
thorough-pin	coden twll y gar (eb)
thoroughbred (racehorse)	gwaedfarch, gwaedfeirch (eg)
thread worm	corlyngyren, corlyngyr (eb)
thresh/thrash, to	dyrnu (be)
thresher	dyrnwr (eg)
threshold	trothwy, -au/-on (eg)
t. price - see 'price'	
threshing machine	peiriant dyrnu (eg)
	dyrnwr mawr (eg)
thrive, to	ffynnu (be)
	dod ymlaen (be)
throat	gwddf, gyddfau (eg)
	llwnc (eg)
throatlash (bridle)	gyddfrwymyn (eg)
sore throat	llwnc tost (eg)
	dolur gwddf (eg)
throb, to	cyson-guro (be)
thrombocytopenia	thrombocytopenia (eg)
thrombophlebitis	thrombofflebitis (eg)
thrombosis	thrombosis (eg)
	tolcheniad (eg)

thrombotic	thrombotig (ans)
	tolchennol (ans)
thrombus	thrombws (eg)
	tolchen, -ni (eb)
throw	
1 to cast an animal	1 cwympo anifail (be)
2 to produce	2 taflu (tadogi) (be)
throw back (atavism)	atchwel, atchweliad (eg)
thrush	
1 fungal inflammation	1 ffwng-lid (eg)
2 horse frog inflammation	2 llid hollt y llyffant (ceffylau)
3 of mouth	3 y gân (eg/b)
	llindag (eg)
thunderbolt	llucheden, -nau (eb)
	mellten, mellt (eb)
thymus	thymws (eg)
thyroid	thyroid (eg)
thyroidectomy	codi'r thyroid (be)
	thyroidectomi (eg)
thyroiditis	llid y thyroid (eg)
thyrotoxicosis	thyrotocsicosis (eg)
	gorthyroidedd (eg)
thyroxin	thyrocsin (eg)
tibia	crimog, -au (eb)
tic	plyciad (eg)

tick	t(o)rogen, t(o)rogod (eb)
ticked (hair colour)	brithliw (ans)
tidal air/volume	awyr/cyfaint g/cyfnewid (eb/g) (yr ysgyfaint)
tidal marsh land	morfa heli (eg/b) cors heli, corsydd heli (eb)
tie, to	clymu (anifail) (be)
tie chain/rope	aerwy, -on (eg)
tie post	buddel, -i (eg)
tied (animal)	penglwm (ans)
tied (cottage, property)	(tŷ) gweithglwm (ans)
tighten (ligament)	tynhau (gewyn) (be)
tile drainage	ffosbibo (be) pib-ddraenio (be)
till, to	trin tir (be) ardrin (be)
tillage	ardrinedd (eb)
tiller (botany)	cadeiren (eb)
tillering	(y)stolo (be) cadeirio (be)
t. capacity	gallu cadeirio
tilth	âr (eg) aredd (eg)

timber	coed, -ydd (ell)
	pren, -nau (eg)
time of pregnancy	amod (eg)
calving	âl (eb)
	amser lloia (eg)
foaling	amser llydnu (eg)
farrowing	amser mocha (eg)
lambing	amser wyna (eg)
Timothy fly	pryfyn rhonwellt y gath (eg)
Timothy grass	rhonwellt y gath (eg)
(*Phleum pratense*)	
tin (Sn)	tun (eg)
tincture	godrwyth, -i (eg)
tire, to	blino (be)
tiredness	blinder (eg)
tissue	meinwe, -oedd (eb)
	cnodwe, -oedd (eb)
dead t.	croen marw (eg)
t. culture	meithriniad meinwe(oedd) (eg)
t. fluid	hylif meinweol/cnodweol (eg)
titrate, to	titradu (be)
titration	titradiad, titradiadau (eg)
titre	titr, titrau (eg)
toadstool	bwyd y boda (eg)
	caws llyffant (eg)

371

toe	
dog, cat etc	bys y troed, bysedd y troed (eg)
horse, cow	blaen y carn (eg)
toe-clip	arbedol, -au (eb)
toeing knife	carngyllell (eb)
tolerance	goddefedd (eg)
toleration	goddefedd (eg)
tom-cat	gwrcath, -od (eg)
	gwrci (eg)
ton	tunnell, tunelli (eb)
tone (muscle)	cywair (cyhyrol) (eg)
tongs	gefel, gefelau (eb)
tongue	tafod, -au (eb)
tonic	toneddol (ans)
tonic (medicine)	tonic (eg)
	cryfbair, cryfbeirion (eg)
	cryfbeiryn (eg)
tonicity (muscle)	tonedd (cyhyr) (eg)
tonne	tunnell fetrig (eb)
tonsil	tonsil, -au (eg)
tonsillar	tonsilaidd (ans)
tonsil(l)itis	tonsilitis (eg)
	tonsilwst (eg)

tonus	tonws (eg)
	ystwythder (eg)
tool bar	bachfar (eg)
tooth	dant, dannedd (eg)
canine t.	dant llygad (eg)
carnassial/eye t.	cnod-ddant (eg)
incisor t.	dant torri (eg)
	blaenddant, blaenddannedd (eg)
milk t.	dant sugno (eg)
molar t.	cilddant (eg)
	bochddant (eg)
	molar (eg)
premolar t.	blaengilddant (eg)
wolf t. (equine)	blaidd-ddant (eb)
to lose teeth	mantachu (be)
tooth rasp	rhathell ddannedd (eb)
tooth table	copa dant (eg)
toothache	y ddannoedd (eb)
toothless	mantachaidd (ans)
top dressing	
1 treatment	1 brigdriniaeth (eb)
2 substance used	2 twf-sioncydd (eg)
top side (meat)	ochr fewn y rownd (eb)
	ochr orau'r rownd (eb)
topical	argroenol (ans)
	arwynebol (ans)
topographical detail	tirfanylyn, tirfanylion (eg)

| topography | tirfanyleg (eg) |
| | topograffeg (eg) |

topping (a hedge) — brigdorri (be)

torsion	dirdro (eg)
	dirdroad (eg)
t. of intestine	dirdro'r perfedd (eg)
t. of testis	trogaill (eb)
t. of uterus	dirdro'r cwd/groth (eg)

| torticollis (wry neck) | gyddfdroelledd (eg) |
| | gyddfgamedd (eg) |

total digestible nutrients (TDN) — cyfanswm y maethynnau treuliadwy (eg)

total replacement — amnewid cyfan (be)

totter, to — gwegian (be)

| touch | cyffyrddiad (eg) |
| to touch | cyffwrdd (be) |

tourism — twristiaeth (eb)

| tourniquet | rhwym-atalydd gwaed (eg) |
| | tourniquet (eg) |

Town and Country Planning — Cynllunio Gwlad a Thref...

| toxaemia | tocsemia (eg) |
| | gwaedwenwyniad (eg) |

| toxic | tocsig (ans) |
| | gwenwynig (ans) |

| toxicity | tocsinedd (eg) |
| | gwenwyndra (eg) |

toxin	tocsin (eg)
toxoid	tocsoid, -au (eg)
toxoplasmosis	tocsoplasmosis (eg)
trace element	elfen hybrin, elfennau hybrin (eb)
trace horse	ceffyl blaen (eg)
traces	gweddau (ell) gweddeifau (ell) iewyddion (ell) tresi (ell) tidau (ell)
trachea	breuant, breuannau (eg) y bibell wynt (eb)/corn gwynt (eb) tracea (eg)
tracheal	breuannol (ans) traceol (ans)
tracheitis	llid y breuant (eg) breuanwst (eg)
tracheostomy	breuandrychiad (eg) traceostomi (eg)

tract
  1 of land
  2 anatomy
	
	tirlain, tirleiniau (eg)
	llwybr, -au (eg)

traction
  to subject to t.
  t. engine
	hydyniad (eg)
	hydynnu (be)
	peiriant tynnu/stêm (eg)

trailer	tyn-gert, -i (eg) ôl-gert, -i (eg)

trajectory	taflwybr (eg)
tramlines (crops)	canllawiau tir âr (ell)
trance	perlewyg, -on (eg)
tranquil(l)iser	tawelydd, -ion (eg)
transducer	trawsddwythydd (eg)
transferrin	transfferin (eg)
	trawsfferin (eg)
transformer	newidydd, -ion (eg)
transfuse, to	trallwyso (be)
transfusion	trallwysiad, -au (eg)
transgressive segregation	trawsddidoliad (eg)
transhumance	trawstrefu (be)
	mudo pentymor (be)
to practice t.	hafota (be)
transit fever	twymyn cludiant (eg)
transitional period	cyfnod trawsnewid (eg)
translucent	lletglir (ans)
transmissible gastroenteritis (TGE) (pigs)	llid trosglwyddol y perfedd (eg)
transmission	
1 of a disease	trosglwyddiad, -au (eg)
2 drive of a machine	gyriant (eg)

transparent	tryloyw (ans)
transpiration	trydarthiad (eg)
	transbiradaeth (eb)
transpiration stream	llif trydarthol (eg)
transpire, to	trydarthu (be)
transplant, to	trawsblannu (be)
transplantation	trawsblaniad, -au (eg)
transported soil	clutbridd (eg)
transudate	trawslifyn (eg)
transudation	trawslifiad (eg)
transverse process	cambwl traws (eg)
transverse section	trawsdoriad (eg)
trap	
1 of animal	1 dalfa (eb)
2 conveyance	2 trap (eg)
trap nesting	dalnythu (be)
trap nest	dalnyth (eb)
trash	torion perth (ell)
trash, to	blaendorri (be)
	brigladd (be)
trauma	trawma (eg)
	ergryd (eg)
traumatic	trawmatig (ans)
t. reticulitis	reticwlwmwst trawmatig (eg)

treatment	triniaeth, -au (eb)
trees, broad leaved	coed llydanddail (ell)
trefoil (yellow clover) (*Trifolium dubium*)	meillionen felen, meillion melyn (eb)
tremor	cryndod, -au (eg)
tremorgenic t. agent	crydbeiriol (ans) crydbeiryn (eg)
trench to trench	ffos, -ydd (eb) cwter, -i (eb) rhych, -au (eb/g) agor rhych/ffos (be)
trend	tueddiad, tueddiadau (eg)
trephine to trephine	llifebill, -ion (eg) treffin (eg) pendyllu (be) treffinio (be)
triceps	cyhyryn triphen (eg)
trichiasis	trichiasis (eg)
trichinella	llyngyren droellog (eb)
trichinosis	trichinwst (eg) trichinosis (eg)
trichomonas	trichomonas (eg)
trichomoniasis	trichomoniasis (eg)
tricuspid e.g. t. valve	teirlen (ans) e.e. falf deirlen y galon (eb)

trigeminal	trigeminol (ans)
trim (a hedge), to	tocio (be)
tripe	treip (eg)
triplet	tribled, -i (eg)
tripod (hay)	trybedd wair (eb)
trismus	dirdynnwst (eg) trismws (eg)
trocar (and cannula)	trychyr (a'i wain) (eg)
trochlear nerve	nerf drochlear (eb)
trophic	troffig (ans)
tropical	trofannol (ans)
tropism	tropedd, -au (eg)
trot, to	tuthian/tuthio (be) trotian (be)

trotter
  1 horse
  2 pig's foot
	1 ceffyl tuthio/trotian (eg)
	2 troed (mochyn) (eb/g)

trough food trough	cafn, -au (eg) cafn bwyd (eg)
trout farm	magwrfa brithyll (eg) fferm frithyll (eb)
true stomach - see also 'abomasum'	y gwirgylla (eg) y boten fach (yn y De) (eb)

true to type	gwirfath (ans)
truss	
1 for rupture	1 cynhalydd, cynalyddion (eg)
2 of fruit/straw	2 sypyn, -nau (eg)
to truss (poultry)	gwäellu (ffowlyn) (be)
tubal	pibennol (ans)
tube	tiwb, -iau (eg)
	piben, -ni (eb)
Fallopian tube	tiwb Fallopio (eg)
test tube	tiwb prawf (eg)
tuber	cloronen, cloron (eb)
tuberculin	twbercwlin (eg)
tuberculosis	twbercwlosis (eg)
	darfodedigaeth (eg)
	y pla gwyn (eg)
	y dycáe/dicau (eg)
tuberculous	twbercwlaidd (ans)
	darfodedigaethol (ans)
tubular	tiwbaidd (ans)
	pibellog (ans)
tubule	tiwbyn, -nau (eg)
urinary t.	tiwbyn troeth/wrin (eg)
tuft	
1 grass	1 twffyn, twffiau (eg)
2 hair	2 cudyn, -nau (eg)
tug (chain)	tyniad, -au (cart) (eg)
tumour	tyfiant, tyfiannau (eg)

tup - see 'sheep names'	hwrdd, hyrddod (eg) maharen, meheryn (eg)
tupping	cymharu (defaid) (be) hwrdda (be)
turbary	mawnog, -ydd (eb)
turbid	cymylog (ans)
turbidity	cymylogrwydd (eg)
turbine	twrbin (eg)

turf
  1 sod
  2 horse racing
	1 tywarchen, tywyrch (eb)
	2 rhedfaes ceffylau (eg)

turf, to remove	didonni (be)
turgid	chwydd-dynn (ans)
turgor/turgidity	chwydd-dyndra (eg)
turkey hen	twrcen (eb)
turkey stag (turkey cock)	ceiliog twrci (eg)
turn, to (return to heat) - see 'heat'	ailofyn (be) ailwasod (be) (buwch etc)

turn-out
  1 livestock
  2 harness class
turn-over of capital
	1 troi allan (yn y gwanwyn) (be)
	2 harnais sioe (eg)
	trogyrch cyfalaf (eg)

turnip	meipen, maip (eb)
turpentine	tyrpant (eg)

tusk	ysgithrddant, ysgithrddannedd (eg)
tussock	twmpath, -au (eg)
twin	gefell/gefeilles, gefeilliaid (eg)
identical t.	gefell unwy/unfath (eg)
non-identical t.	gefell deuwy/anunfath (eb)
twin lamb disease	clefyd yr eira/clwy'r eira (eg)
(pregnancy toxaemia)	y pensyndod (eg)
twine	cordyn/cortyn (eg)
thatching twine	cordyn toi (eg)
to twine (as in climbing	ymgordeddu (be)
plants)	
twinning	gefeillio (be)
twist, to (rope)	cordeddu (be)
- see also 'wring'	
twisted gut - see	
'volvulus'	
twitch	
1 jerk	1 plwc, plyciau (eg)
2 noose	2 cwlwm dal (eg)
	byddag (eb)
3 equine	3 byddag ffroen (eb)
to twitch	plycio (be)
twitch (grass) - see	
'couch grass'	
tympanites	bolchwyddi (eg)
tympanum (ear)	tabwrdd y glust (eg)
	tympanwm (eb)

tympany - see 'bloat'

typhoid   tyffoid (eg)

Udder   cadair, cadeiriau (eb) ⎫
                               pwrs, pyrsau (eb)   ⎬ (buwch, caseg, dafad)
                               piw, -iau (eb)   ⎭
                               tor (eb) (hwch, gast, cath)

ulcer   wlser, -au (eg)
                               gweli, gwelïau (eg)

ulcerate, to   wlsera (be)
                               gwelïo (be)

ulcerated   wlserog (ans)
                               gwelïog (ans)

ulcerative   wlserol (ans)
                               gwelïol (ans)
  u. colitis   llid wlserol/gwelïol y coluddyn (eg)

ulna   elin (eb)
  ulna nerve   nerf elinol (eb)

ultra -   uwch -
  ultracentrifuge   uwchallgyrchydd (eg)
    to ultracentrifuge   uwchallgyrchu (be)
  ultrafiltration   uwch-hidlo (be)
  ultrasonic   uwchseiniol (ans)
                               wltrasonig (ans)
  ultrasound   uwchsain, uwchseiniau (eg)
  ultraviolet   uwchfioled (ans)

ultra heat treated milk   llaeth uwch-(y)sgaldianedig (eg)
  (UHT)

383

umbilical	bogeiliol (ans)
u. cord	llinyn bogail (eg)
umbilicus	bogail, bogeiliau (eg)
under -	tan -, hypo -
under/hyposecretion	tansecretiad (eg)
undercoat	isgot (eb)/isgôt (eb)
underdeveloped	tanddatblygedig (eb)
underfed	prinfwydol (ans)
undergrowth	tandwf (eg)
	brwgaets (eg)
	llawrdwf (eg)
undernutrition	diffyg maeth (eg)
undershot (jaw)	gên mochyn (eb)
	byr-ên (eb)
undersow, to	tan-hadu (be)
understocked (farm)	(fferm) stoc annigonol
undescended testis	caill gudd, ceilliau cudd (eb)
- see 'cryptorchidism'	
undulant fever (humans)	y dwymyn donnol (eb)
(brucellosis)	
unexhausted manurial	gweddillion gwrteithiol anhysbyddedig (ell)
residue(s)	
unexhausted manurial	gwerth gwrteithiol anhysbyddedig (eg)
value (UMV)	
ungulate	carnolyn, carnolion (eg)
	carnol (ans)
unhealthy	afiach (ans)
unicellular	ungellog (ans)

uniform	cyson (ans)
	unffurf (ans)
unisexual	unrhywiol (ans)
unit	uned, unedau (eb)
unitary	unedol (ans)
universal donor/recipient	rhoddwr/derbynnydd cyffredinol (eg)
universal indicator	dangosydd/mynegydd pH (eg)
universal joint	cymal cyswllt (eg)
unleash, to	gollwng (be)
unreactive	anadweithiol (ans)
unsalted butter	menyn gwyrdd (eg)
	menyn gwyry (eg)
unsaturated	annirlawn (ans)
u. fatty acid(s)	asid(au) brasterog annirlawn (eg)
unsegmented	ansegmennol (ans)
	digylchran (ans)
unsorted (potatoes)	tatws annichlyn (ell)
	heb eu didoli (ell)
unstable	ansefydlog (ans)
unwell	anhwylus (ans)
upland - see also 'hill land'	blaeneudir, -oedd (eg)
	bryndir, -oedd (eg)
uptake (influx)	mewnlifiad (eg)

uraemia	wremia (eg)
uraemic	wremig (ans)
urban	trefol (ans)
urea	wrea (eg)
urea cycle	cylchred wrea (eb)
urease	wreas (eg)
ureter	wreter (eg)
	arenbib (eb)
ureteric	wreterig (ans)
urethra	troethbib (eb)
	wrethra (eg)
	pledrenbib (eb)
urethral	troethbibol (ans)
	wrethrol (ans)
urethritis	llid yr wrethra (eg)
	llid y droethbib (eg)
	wrethritis (eg)
uric acid	asid wrig (eg)
urinalysis	troethddadansoddiad (eg)
	wrinalysis (eg)
urinary	troethol (ans)
urinary bladder	y bledren ddŵr (eb)
urinate, to	troethi (be)
	piso (be)

urination	troethiad, -au (eg) pisiad (eg)
urine	troeth (eg) wrin (eg) piso (be)
urine test	troethbrawf (eg)
uriniferous tubule	tiwbyn/tiwbwl wrinifferws (eg)
urogenital	troethgenhedlol (ans)
urolithiasis	troethgarreg, troethgerrig (eb)
urology	troetheg (eg) wroleg (eg)
urticaria	danadlwst (eg) wrticaria (eg) llyffandafod (gwartheg) (eg)

uterine
  uterine discharge
  u. prolapse
	crothol (ans)
	rhedlif crothol (eg)
	dygwympiad/cwymp y groth/llestr (eg)
	bwrw llestr/cwd (be)

uterus (womb)	croth, -au (eb) llestr, -i, -au (eg) cwd, cydau (eg)
utility u. breed	defnyddiolrwydd/defnyddioldeb (eg) brid pwrpasol (eg)

uveitis
  equine recurrent u.
  see 'periodic ophthalmia'
	wfeitis (eg)

uvula	tafodig (eg)

uvulitis	llid y tafodig (eg)
Vaccinate, to	brechu (be)
vaccination	brechiad, -au (eg)
vaccine	brechlyn, -nau (eg)
vaccinia	brech y fuwch (eb)
vacuole	gwagolyn, gwagolynnau (eg)

vacuum
  high vacuum
  vacuum pump (milking)
	gwactod (eg)
	gwactod eithaf (eg)
	pwmp godro (eg)

vagina	y wain (eb) y faneg (eb) llawes goch (eb)
vaginal prolapse	bwrw'r llawes goch (be) dangos y faneg (esgor) (be) dygwympiad y wain (eg)
vaginitis	gweinwst (eg)
vagus nerve	y nerf fagws (eb)
valgus	allgamedd (coes) (eg)
valgus vera	mewngamedd (coes) (eg)
valuation	prisiad, -au (eg)
value to value	gwerth, gwerthoedd (eg) enrhif, enrhifau (eg) prisio (be)

Value Added Tax (VAT)	Treth Ar Werth (TAW)
valuer	prisiwr, priswyr (eg)
valve	falf, -iau (eb) caffell, -au (eb)
valvitis	llid y falf (eg)
valvular	falfaidd (ans)
vanner	ceffyl men (eg)
vapour	anwedd, -au (eg) tarth (eg)
vapourise, to (evaporate)	anweddu (be)
vapourising oil (TVO)	olew anweddol tractor (OAT) (eg)
variable ewe premium	premiwm cyfnewidiol mamogiaid (eg)
variance	amrywiant, amrywiannau (eg)
variation	amrywiad, -au (eg)
varicose v. veins (varices)	chwyddedig (ans) gwythiennau chwyddedig (ell)
variegated	brychliw (ans)
variegation	brychliwedd (eg)
variety (biol.)	amrywogaeth, amrywogaethau (eb) math o... (datws etc)
varus	mewngamedd (eg) mewndröedd (eg)

vascular	fasgwlaidd (ans)
	gwaedbibellol (ans)
	gwaedlestrol (ans)
vascular bundle	sypyn fasgwlar, sypynnau fasgwlar (eg)
vas-	fas-
vas deferens	sbermbiben (eb)
vasectomy	fasdoriad, -au (eg)
vasoconstriction	fasguledd (eg)
	ymgulhad fasgwlaidd (eg)
vasoconstrictor	fasgulydd, -ion (eg)
vasodilation	faslededd (eg)
vasodilator	fasledydd, -ion (eg)
coronary v.	fasledydd coronaidd (eg)
peripheral v.	fasledydd amgantol (eg)
vat	
1 cheese	1 cawslestr, -i (eg)
	cawsellt, -i (eg)
2 mash	2 cerwyn, -au (eb)
vault	cromen, -nau (eb)
veal	cig llo (eg)
v. calf	llo pasgedig (eg)
vector	
1 disease	1 heintgludydd, -ion (eg)
2 mathematics	2 fector, -au (eg)
vegetable	llysieuyn, llysiau (eg)
	llysieuol (ans)

vegetative reproduction	atgynhyrchiad llystyfol (eg)
vein	gwythïen, gwythiennau (eb)
jugular v.	g. y gwddf (eb)
mesenteric v.	g. fesenterig (eb)
milk v.	g. laeth (eb)
renal v.	g. arennol (eb)
velvet (of deer)	blaenrhaidd (eg)
vena cava	y wythïen fawr (eb)
	vena cava
vendor	gwerthwr, -wyr (eg)
venereal	gwenerol (ans)
venereal disease	afiechyd(on)/clwy gwenerol (eg)
venesection/venepuncture	tynnu gwaed (be)
venison	cig carw (eg)
	hyddgig (eg)
haunch of v.	gwaneg, -au (eb)
neck of v.	colwydden, colwydd (eb)
venogram	gwythïen-lun (eg)
venom	gwenwyn, -au (eg)
venous	gwythiennol (ans)
vent	
1 cloaca	1 pen ôl aderyn
2 air-hole	2 twll awyru, tyllau awyru (eg)
ventilate, to	gwyntyllu (be)
	awyru (be)

ventilation	gwyntylliad (eg)
	awyriad (eg)
ventilation rate	cyfradd anadlu (eb)
ventilator	awyrydd, -ion (eg)
	gwyntyllydd (eg)
ventral	torrol (ans)
	fentrol (ans)
v. root	gwreiddyn torrol/fentrol (eg)
ventricle	fentrigl, -au (eg)
	ceuedd, -au (eg)
ventricle (the heart)	fentrigl y galon (eg)
	ceuedd isaf y galon (eg)
	siambr isaf y galon (eb)
ventricular	fentrigol (ans)
v. volume	y cyfaint fentrigol (eg)
venule	gwythiennig (ans)
verdant	irwyrdd (ans)
vermicide	llyngyrleiddiad, llyngyrleiddiaid (eg)
vermiform	llyngyraidd (ans)
vermifuge	llyngyrgarthydd (eg)
vermin	plafilod (ell)
verminous	plafilodus (ans)
vernalization	gwanwyneiddiad (hadau) (eg)
to vernalize	gwanwyneiddio (be)

verruca	dafaden, -nau/defaid (eb)
	clwstwr dafadennog (eg)
	ferwca (eg)
vertebra	fertebra, fertebrâu (eg)
caudal v.	f. cynffonnol (eg)
cervical v.	f. gyddfol (eg)
lumbar v.	f. meingefnol (eg)
sacral v.	f. ffolennol (eg)
thoracic v.	f. brongistaidd/thorasig (eg)
vertebral	fertebrol (ans)
v. column	asgwrn y cefn (eg)
vertebrate	anifail asgwrn-cefn(ol), anifeiliaid
	asgwrn-cefn(ol) (eg)
vertigo	y (ben)ddot (eb)
	madrondod (eg)
	penysgafndod (eg)
vesical	pothellog (ans)
vesicant	pothellydd, -ion (eg)
vesicate, to	pothellu (be)
vesicle, (blister)	pothell, -i (eb)
	chwysigen, chwysigod (eb)
vesicular	pothellaidd (ans)
vestibular	cynteddol (ans)
vestibulum	cyntedd, -au (eg)
	festibwlwm (eg)
vestigial organ	organ gweddilliol (eg)

vetch(es)	ffacbys (ell)
	pys llygod (ell)
veterinary	milfeddygol (ans)
Veterinary Investigation Service	Gwasanaeth Archwiliadau Milfeddygol (eg)
veterinary jurisprudence	cyfreitheg filfeddygol (eb)
veterinary surgeon	milfeddyg, -on (eg)
	ffarier (eg)
v. surgery	milfeddygfa, milfeddygfeydd (eb)
viability	hyfywedd (eg)
viable	hyfyw (ans)
vibrate, to	dirgrynu (be)
vibration	dirgryniad, -au (eg)
vibrissa	blewyn hydeiml, blew hydeiml (eg)
	gwrychyn, gwrych (eg)
vice	
1 gripping tool	1 feis, - iau (eg)
2 bad habit	2 cast, -iau (eg)
	arferiad drwg, arferion drwg (eg)
view	golwg (eg)
side (lateral) view	ochrolwg (eg)
surface view	wynebolwg (eg)
vigour	ymnerth (eg)
hybrid v.	ymnerth croesryw (eg)
villus	filws, filysau (eg)

vine	gwinwydden, gwinwydd (eb)
vineyard	gwinllan, -nau (eb)
violence	dirdra (eg/b) trais (eg)
violent	dirdraol (ans)
viper	gwiber, -od (eb)
viral	firol (ans)
virgin	gwyryf, -on (eb) gwyryfol (ans)
virgin land	tir di-drin (eg)
virility	gwregni (eg)
virion	firysyn, firysynnau (eg)
virulent (infection)	haint lemddwys (eb)
virus	firws, firysau (eg)
viscera (entrails)	ymysgaroedd (ell)
viscosity	gludedd (eg)
viscus	fiscws (eg)
vision	golwg, golygon (eb)

visual
  v. axis
  v. purple
	gweledol (ans)
	echel weledol (eb)
	porffor y llygaid (eg)

vital capacity	y cyfaint anadlol (eg)

vital organ	organ hanfodol (eg)
vitality	bywiogrwydd (eg)
vitamin	fitamin, -au (eg)
v. deficiency	diffyg fitaminol (eg)
vitiligo	methfelanosedd (eg)
vitreous	gwydrol (ans)
vitreous humour	hylif gwydrol (eg)
viviparity	bywesgoredd (eg)
viviparous	bywesgorol (ans)
vivisection	bywddyranedd (eg)
vixen	llwynoges, -au (eg)
	cadnöes/cadnawes, -au (eb)
vocal	lleisiol (ans)
v. c(h)ord	tant y llais, tannau'r llais (eg)
volatile (chemistry)	ehedol (ans)
	anweddol (ans)
volatility	ehedolrwydd (ans)
	anweddolrwydd (ans)
vole, field	llygoden y gwair (eb)
(*Microtus agrestis*)	
bank-vole	llygoden goch (eb)
(*Clethrionomys glareolus*)	
water vole	llygoden y dŵr (eb)
(*Arvicola amphibius*)	
volt	folt, -au (eg)

volume	cyfaint, cyfeintiau (eg)
volumetric	cyfeintiol (ans)
voluntary action	gweithred wirfoddol, gweithrediadau gwirfoddol (eb)
voluntary muscle (striated muscle)	cyhyr rheoledig (eg) (cyhyr rhesog (eg))
volvulus	cwlwm perfedd, clymau perfedd (eg) tröedd perfedd (eg)
vomit to vomit	chwŷd, -ion (eg) cyfog (eg) chwydu (be) cyfogi (be) taflu i fyny (be)
vomiting (emesis)	chwydfa, chwydfeydd (eb)
vomitus	chwŷd, -ion (eg)
vortex 1 air 2 fluid	awel dro, awelon tro (eb) trobwll, trobyllau (eg)
vulva	gweflau'r wain/faneg/llawes goch (ell) y ffenestr (eb)
vulval	fylfol (ans)
vulvitis	llid gweflau'r faneg (eg) gwefl-lid y faneg (eg)
Wadding [=cotton wool]	gwlân cotwm (eg) wadin, -au (eg)

wagon	gwagen, -ni (eb)
	cert, -i (eg)
wagoner	gwagenwr, gwagenwyr (eg)
	certmon, certmyn (eg)
walk (horse)	cerddediad (eg)
sheep w. - see 'sheep'	
wall	
1 dry w.	1 gwal gerrig, gwaliau cerrig (eb)
2 horse's hoof	2 amgarn (eg)
	crystyn y carn (eg)
3 e.g of stomach	3 pilen (y cylla) (eb)
wall eye	llygadlasedd (eg)
warble (fly), warbles	pryf gweryd, pryfed gweryd (eg)
(*Hypoderma* spp)	
warble infestation	heigiad gweryd (eg)
warblecide	gwerydleiddiad (eg)
warehouse	(y)stordy, -dai (eg)
warm	cynnes (ans)
	twym (ans)
to warm	cynhesu (be)
	twymo (be)
warm-blooded (animal)	(anifail) gwaed cynnes (eg)
warp, to	
1 wood	1 sychgamu (be)
2 silting	2 dyfrleidio (be)
warren	cwninger, -oedd (eb)
wart	dafaden, dafadennau (eb)

warty	dafadennog (ans)
wash (lime), to	gwyngalchu (be)
washing soda	soda golchi (eg)
wasp	picwnen, picwn (eb)
	gwenynen farch, gwenyn meirch (eb)
wasp sting	pigiad picwnen, -au picwnen (eg)
wasted	dihoenedig (ans)
waster	dihoenwr (eg)/dihoenreg (eb)
wastelands	tir diffaith (eg)
water	dŵr, dyfroedd (eg)
flowing w.	d. rhedegog (eg)
fresh w.	d. croyw (eg)
hard w.	d. caled (eg)
mineral w.	d. mwynol (eg)
stagnant w.	merddwr (eg)
still w.	d. llonydd (eg)
water bag - see 'amnion'	
water bailiff	beili dŵr, beiliaid dŵr (eg)
water content	cynhwysiad/cynnwys dŵr (eg)
water courses	ffrydiau dŵr (ell)
watercress	berw'r dŵr (etf)
water culture (hydroponics)	dyfrfeithriniad (eg)
to practise water culture	dyfrfeithrin (be)
water deficit	prinder dŵr (eg)

water-glass	dŵr silicad (eg)
water, hardness of	caledwch dŵr (eg)
water hemlock (cowbane) (*Cicuta virosa*)	buladd (eg)
water meadow	dyfrddôl, dyfrddolydd (eb)
water obstruction – see 'urolithiasis'	
water requirements	anghenion dŵr (ell)
water table	lefel y pridd-ddŵr (eb)
waterlogged (land)	tir corsiog (eg)
watershed	cefndeuddwr (eg)
watery	dyfrllyd (ans) dyfriog (ans)
watery mouth (lambs)	cegleithedd (eg) ceglaith (ans)
wattle	tagell dofedn(od) (eb)
wax teat w.	cwyr, cwyrau (eg) cwyr teth (caseg) (eg)
waxy	cwyraidd (ans)
wayleave	ffordd-fraint (eb)
weakness	gwendid, -au (eg) musgrellni (eg)
weal	chwydalen, chwydalau (eb)

wean, to	diddyfnu (be)
weaner (ablactation)	anifail diddyfnedig (eg)
weaning w. period	diddyfniad (eg) cyfnod diddyfnu (eg)
wear and tear	tor a thraul
weasel (*Mustela nivalis*)	gwenci, gwencïod (eg) bronwen, -nod (eb)
weather beat	croenlid lleithder (eg)
weathering to weather	hindreuliad (eg) hindreulio (be)
weatings/wheatings	trydyddion (ell) braseilflawd (eg)

weave, to
  1 horse vice
  2 textiles
	
	1 pendilio (be)
	2 gweu (be)

web (footed)	troedweog (ans)
wedge to wedge	lletem, -au (eb) lletemu (be)
weed	chwynnyn, chwyn (eg)
weed killer, chemical	chwynleiddiad cemegol (eg)
weed killer, translocated	chwynleiddiad trawsleoledig (eg)
weed taint (in milk)	chwynadflas (eg)
weeding hook or hoe	chwynnogl, -au (eg/b)

weedy	chwynnog (ans)
weevil (turnip, pea, clover)	meisgyn, meisgynnod (eg)
weigh, to	pwyso (be)
weighbridge	tafol cerbydau (eb)
weigh-house	pwysdy (eg) tŷ pwyso (eg)
weighing crate	cawell bwyso (eb)
weight carcass w./w. on the hook live w. a single weight w. gain w. loss	pwysau (eg) pwysau ar y bach/cambren (eg) pwysau byw (eg) pwysyn (eg) cynyddbwys (eg) collbwys (eg)
weir	cored, -au (eb) argae, -au (eg)
weld, to	asio (be)
welding	asiad, -au (eg)
welfare	llesiant, llesiannau (eg)
welfare lairage	lleswâl (eg)
well	ffynnon, ffynhonnau (eb)
well-sprung (of ribs)	llyfndew (ans)
wen 1 cyst, sebaceous 2 goitre	crangen, cranghennau (eb) y wen (eb)

wet feeding	llithfwydo (be)
wet rash - see 'eczema, moist'	
wether - see 'sheep names'	gwedder, gweddrod (eg) mollt/molltyn, myllt (eg)
wetness	gwlybaniaeth (eg) lleithder (eg)
wheat kind of single grain of	gwenith (ell) gwenithyn (eg) gwenithen (eb)
wheat bulb fly (*Hylemyia coarctata*)	pry'r gwenith (eg)
wheat germ	bywyn gwenith (eg)
wheatmeal	blawd can gwenith (eg)
wheeze to wheeze	gwichanadl (eb) gwichanadlu (be)
whelp in whelp to whelp	cenau, cenawon (eg) gast feichiog (eb) cenawa (be)
whetstone (hone)	carreg hogi (eb) hogfaen, hogfeini (eg/b) calen, -nau (eb)
whey	maidd, meiddion (eg)
whip	chwip, -iau (eb) ierthi, ierthïon (eb) (goad)
whipped cream	hufen ffustiedig/curiedig (eg)

whippet	milgi bach (eg)
whippletree (swingletree)	cambren, cambrenni (eg) bonbren, -ni (eg)
whipworm	llyngyren chwip (eb)
whistler/whistling horse - see also 'roarer'	chwibanadlydd (eg)
white blood cells/ corpuscles	celloedd/corffilod gwyn y gwaed (ell)
white comb (favus)	cribwynnedd (eg)
white line (hoof)	byw y carn (eg)
white matter (brain)	gwynnyn yr ymennydd (eg)
white muscle disease	pwd y cyhyrau (eg)
white scours (calves)	ysgoth wen (eb) ysgwrio gwyn (eg) y clwy/clefyd gwyn (eg)
white spot (meat) (black spot)	ffwng gwyn cig (eg) (ffwng du cig(eg))
whites (cows)	rhedlif gwyn y groth/llestr (eg)
whitewash	gwyngalch (eg)
whole (entire)	(anifail) annisbadd e.e. march (eg)
whole four - see 'gammon'	
wholemeal	blawd cyflawn (eg)
wholesaler	cyfanwerthwr, cyfanwerthwyr (eg)

whorl (hair)	troell flew/sidell flew (eb)
whorled	sidellog (ans)
wildfowl	adar gwyllt (ell)
wilt, to	gwywo (be)
wilt (plant disease)	clefyd gwywol (eg)
wince, to	gwingo (be)
winch to winch	dirwynai, dirwyneion (eg) dirwyn (be)
wind-borne	gwyntledol (ans)
wind galls (horses)	codennau'r meilwng (ell)
windpipe - see 'trachea'	
windrow to windrow	carfan, -nau (eb) carfannu (be)
wind-sucking	awyrsugno (be)
wing	adain, adenydd (eb) asgell, esgyll (eb)
winged (insect, fruit)	adeiniog (ans)
winnow, to	nithio (be)
winnowing machine	nithiwr (eg)
winter abode	hendref, -ydd (eb)
winter fleece	gaeafgnu (eg)

winter grazing	porfa gaeaf (eg)
to wintergraze	gaeafbori (be)
winter hardiness	gaeafwytnwch (eg)
	rhewgaledwch (eg)
winter hardy	rhewgaled (ans)
winter keep	porthiant gaeaf (eg)
winter kill	gaeafddifa (eg)
wintergreen (plants)	(planhigion) gaeafwyrdd (ell)
wintergreen, oil of	olew Pyrola (eg)
wintering	gaeafu (be)
wire	gwifren/weiren (eb)
barbed w.	gwifren/weiren bigog (eb)
wireworm	hoelen ddaear, hoelion daear (eb)
	pryf weiren, pryfed weiren (eg)
wither, to	gwywo (be)
witherlock	cudyn ysgwydd (eg)
withers	pen yr ysgwydd (eg)
witholding period	cyfnod ymatal (eg)
(after drug use)	
withstand (weather), to	gwrthsefyll (be)
wobbler (horse, dogs)	simsanydd (eg)
wolf tooth	bleidd-ddant ceffyl (eg)

womb (uterus)	croth, -au (eb) cwd, cydau (eg) llestr, -i -au(eg) bru, -oedd (eg)
wood (vegetation)	coed, -ydd (eg) (g)allt, (g)elltydd (eb)
woodcock	cyffylog, cyfflogiaid (eg)
wooden tongue (actinobacillosis)	llyffandafod (eg) llyffanwst (eg)
woodlands	tir coediog, tiroedd coediog (eg) coetir, -oedd (eg)
woodlice	moch y coed (ell) gwrachen ludw, gwrachod lludw (eb)
wood-pigeon	ysguthan, -od (eb)
woodworm	pry(f) coed, pryfed coed (eg)

wool
  w. ball
  w. clip - see 'fleece'
  w. mark
  w. rot
  w. staple
  lock of w.
	gwlân, gwlanoedd (eg)
	pellen wlân (eb)
	
	nod gwlân (eg)
	gwlân clapiog (eg)
	stapl (eg)
	cudyn o wlân (eg)

work, spell of	daliad, -au (eg)
worker	gweithiwr, gweithwyr (eg)
worker bee	gweithwenynen (eb)

worm (class) (see under specific names e.g. earthworm)	llyngyren, llyngyr (eb)
worms (parasitic)	llyngyr (parasitaidd) (ell)
worrying (of sheep by a a dog)	erlid (be)
wound	clwyf, -au (eg) archoll, -ion (eb/g) briw, -iau (eg)
bite w.	clwyf brath (eg)/archoll frath (eb)
contused w.	clwyf cleisiedig/archoll gleisiedig
incised/lacerated w.	clwyf/archoll agennog (eb)
penetrating/	clwyf treiddiol (eg)/archoll dreiddiol (eb)
punctured w.	clwyf pigdyllog (eg)/archoll bigdyllog (eb)
stab w.	clwyf gwân (eg)/archoll wân (eb)
wring, to (dislocate neck)	datgymalu'r pen (be)
wrinkle	crychni (eg)
wrinkled	crych (ans)
wry-neck (torticollis)	gyddfdroelledd (eg) gyddfgamedd (eg)
wry tail (poultry)	cynffon gam (eb)
Xanthine	santhin (eg)
xanthoma	santhoma (eg)
xanthophyll	santhoffyl (eg)
xanthosis	santhosis (eg)

xerodermia	sychgroenedd (eg)
	seroderma (eg)
X-ray(s)	pelydr(au) -X (eg)
X-ray (picture/	
radiograph)	radiograff, -au (eg)
xylose	sylos (eg)
Yard (measure)	llathen, -ni (eb)
yard (enclosure)	buarth, -au (eg)
	clôs, -ydd (eg)
yarded (cattle)	(gwartheg) buarthedig (ans)
yawn, to	dylyfu gên
	gapo (be)
yearling (cattle) - see	llo (hyd at flwydd oed) (eg)
also 'sheep names'	blwyddiad, blwyddiaid (eg)
	dyniawed, dyniewaid (eg) (dros flwydd ond yn
	llai na dwyflwydd oed)
y. goat in milk	efyrnig (eb)
yeast	burum/berem (eg)
yeld	buwch hesb (eb)
yellows - see	
'leptospirosis'	
yelp, to	cipial (be)
yew	ywen, yw (eb)
(*Taxus baccata*)	
y. poisoning	gwenwyn yw (eg)

409

yield	cynnyrch, cynhyrchion (eg)
to yield	cynhyrchu (be)
(high) yielder	llaethes dda (eb)
	llaethreg (eb)
(cow)	godreg (eb)
(hen)	dod(wy)reg dda (eb)
(general)	cynhyrchreg (eb)
yoghurt	iogwrt (eg)
yoke	iau, ieuau (eb)
to yoke	ieuo (be)
yolk	melynwy (eg)
yolk-sac	cwd melynwy (eg)
Yorkshire-fog	maswellt (eg)
(*Holcus lanatus*)	myngwair (eg)
Young Farmers	Ffermwyr Ifainc (ell)
Zero	sero (eg)
z. grazing	glasfwydo (be)
zig-zag	igam-ogam (ans)
zinc (Zn)	zinc (eg)
z. shed	sied sinc (eb)
zonation	cylchfäedd (eg)
zone (ecology)	cylchfa, cylchfaoedd (eb)
transition z.	cylchfa drawsnewidiol (eb)
zoo	sw, swau (eg)
	milodfa, milodfeydd (eb)